换个角度也很幸福

幸与不幸都是幸福的源泉

简单生活，自然的状态让心如明镜般平静、清彻。

释颢 / 编著

中国华侨出版社

图书在版编目（CIP）数据

换个角度也很幸福/释颢编著. —北京：中国华侨出版社，2011.1
ISBN 978-7-5113-0989-1

Ⅰ.①换… Ⅱ.①释… Ⅲ.①幸福—通俗读物 Ⅳ.①B82-49

中国版本图书馆CIP数据核字（2010）第262507号

● 换个角度也很幸福

编　　著	释　颢
责任编辑	李　晨
经　　销	新华书店
开　　本	710×1000毫米　1/16　印张15　字数200千字
印　　数	5001-10000
印　　刷	北京一鑫印务有限责任公司
版　　次	2013年5月第2版　2018年3月第2次印刷
书　　号	ISBN 978-7-5113-0989-1
定　　价	29.80元

中国华侨出版社　北京市朝阳区静安里26号通成达大厦3层　邮编100028
法律顾问：陈鹰律师事务所
编辑部：（010）64443056　64443979
发行部：（010）64443051　传真：64439708
网　　址：www.oveaschin.com
e-mail：oveaschin@sina.com

前言

　　哭与笑是人生中的两种常态，一种代表痛苦、阴郁，一种代表快乐、阳光。一个人是烦闷多于快乐，还是快乐多于烦闷，反映出他的生存质量。

　　有的人可能会说，我当然想快乐多一点呀，可是生活、工作中有那么多的不如意，怎么能乐得起来？还有人说，我遇到这么大的人生磨难，不痛苦才怪呢。

　　这些人肯定忽略了一个事实：那些快乐地生活，整天拥有好心情的人，不如意的事情和遭受的磨难真的比别人少吗？答案是否定的，他们笑对生活，并非生活中到处都是顺心的事，而是因为他们选择了快乐，选择了笑，笑成了他们的一种生活态度。

　　他们不在乎吃亏，不过分计较得失，不让环境和别人左右自己的情绪，进而统治自己的生活。他们快乐，只是因为他们想快乐，他们笑，只是因为他们认为与其哭着过，不如笑着活。

　　他们是真正的智者，是生活的真正主宰者。

　　本书要传达的正是这样一种理念：世界不会因为你的哭而改变，但你的人生一定因为你的笑而改变轨迹。围绕这一理念，本书从以下几个方面进行了解读：

　　一是看淡得失才能轻松快乐。人有欲望不是坏事，坏就坏在欲望过多，得失之心太重。生活中的诱惑本来就很多，如果你这也强求，那也不想放下，必然身心疲惫，又哪来快乐可言？俗话说，命里有的终须有，命里无时莫强求。放下生命中的诸多负累，轻装前进，的确是获取快乐的良方。

二是追求一种自然和谐的生活状态。我们在生活的过程中，自觉不自觉地选择了一种属于自己的状态：有紧张忙碌，有悠闲自得，有苦中求乐，很难说哪一种状态是好的或是坏的。但可以肯定的是，顺其自然物我相谐的状态，是一种最能使身心愉悦的状态。

三是选择快乐。谁都希望过得快乐，但并非谁都知道快乐是可以选择的。生活中总有这样那样的不如意，是哭着过还是笑着活，不在于这些不如意的事情，而在于你如何面对它。

四是笑对挫折。平稳的日子里，面对人情冷暖、是非得失，仍能保持乐观的心态也许不难做到，但当面临巨大的人生变故或挫折，照样笑对人生、勇敢前行，就不是一般人能做到的了。但是，你一旦拥有了这样一种勇气和力量，你也就拥有了一生快乐的资本。

五是让健康心态给生活带来阳光。心态是一个人面对事情的心理状态，心态不好的人，喜欢斤斤计较，容易着急上火，即使物质上并不比别人缺少什么，但精神上总是紧张兮兮，自然是哭的时候多，笑的日子少。而健康的心态是一束阳光，即使在寒冷的冬天，你也能感受到温暖。

六是换一种态度换一种心情。有的人看问题喜欢钻牛角尖，在别人眼里完全可以忽略或绕过的问题，在他这里却成了翻不过去的大山，这种人生活、工作中多的是猜疑、嫉妒、生气。要想从中解脱其实并不难，只需换一种态度，就能即刻拥有不一样的心情。

本书没有长篇大论、深奥晦涩的说教，而是通过一个个生动、鲜活的小故事来说明道理，让读者在精神的放松与愉快中有所悟、有所得。

目 录

一、看淡得失：欲望的负累会让你疲惫不堪

  人有欲望不是坏事，坏就坏在欲望过多，得失之心太重。生活中的诱惑本来就很多，如果你这也强求，那也不想放下，必然身心疲惫，又哪来快乐可言？俗话说，命里有时终须有，命里无时莫强求。放下生命中的诸多负累，轻装前进，的确是获取快乐的良方。

轻松上路 ································ 2
寻找快乐 ································ 3
打开心灵之门 ···························· 3
不同的选择 ······························ 4
三个旅行者 ······························ 5
苹果的诱惑 ······························ 6
人生中的"红绿灯" ························ 7
平分财产 ································ 9
不可执迷太深 ···························· 9
贪婪让生命受累 ·························· 10
"有所得"时的贪念 ························ 12

告别总统之位 ·· 13

五颗金牙 ·· 14

房间里的老鼠 ·· 15

欲念与需氧量 ·· 17

舍得舍得，有舍有得 ·· 17

提着与放下 ·· 18

一院的美丽与一村的菊香 ···································· 19

错过了美丽，收获的不一定是遗憾 ···························· 20

放下心中的屠刀 ·· 21

难得"放下" ··· 23

落　日 ·· 24

不要抱怨已经得到的 ·· 24

淡有淡的味 ·· 25

二、顺其自然：追求一种坦然与和谐的生存状态

我们在生活的过程中，自觉不自觉地选择了一种属于自己的状态：有紧张忙碌，有悠闲自得，有苦中求乐，很难说哪一种状态是好的或是坏的。但可以肯定的是，顺其自然物我相谐的状态，是最能使身心愉悦的一种状态。

漂亮的死鱼 ·· 28

生活是公平的 ·· 30

有与无 ·· 31

怎么爬出来比如何跌进去更重要 ······························ 32

目录：Contents

顺应自然	33
放弃奢华	34
活得粗糙点儿	35
随爱"远行"	36
完美计划	38
道德与享乐	39
提醒自己	41
不当银行家的厨师	41
保持开放的心	43
享受生活	44
无知者无忧	45
给心灵放假	45
构筑精神"战壕"	47
选择好自己的对手	48
脱离容貌的阴影	49
杯子的故事	50
自己愉快也能带给别人愉快的人	51
把生活当成一种艺术	52
凡人的禅心	54
我很重要	55
山羊还是老虎	56
先改造自己	57
一匹马带来的烦恼	58
只要适合自己就不糟糕	59
孩子身上的尘埃	61
半年人生	62

没时间老 ·· 62
这样的感觉 ·· 63
人生何妨随缘而定 ·· 64
水的形状 ·· 65
进退的智慧 ·· 66
把美丽种在心里 ·· 67
保持距离的智慧 ·· 68

三、选择快乐：笑中度过每一天

谁都希望过得快乐，但并非谁都知道快乐是可以选择的。生活中总有这样那样的不如意，是哭着过还是笑着活，不在于这些不如意的事情，而在于你如何面对它。

生活调味剂 ·· 70
主动给人以爱 ·· 72
积极地选择正面 ·· 72
把自己放在好心情中 ·· 74
一笑了之 ·· 75
不为失去的马惋惜 ·· 76
还有一锭金子 ·· 77
生活中的"绳子" ·· 79
心有阳光 ·· 80
定期解开"包袱" ·· 81
从别人的快乐中体验快乐 ···································· 82

丢掉坏脾气 …………………………………… 83

都是我不好 …………………………………… 84

种着梅花的陶罐 ……………………………… 85

体会生命中的情趣 …………………………… 86

幸福就在你身边 ……………………………… 87

别为打翻的牛奶哭泣 ………………………… 88

微笑着生活 …………………………………… 89

摔碎的兰花盆 ………………………………… 91

快乐长寿 ……………………………………… 92

怨恨循环 ……………………………………… 93

要会感恩、宽容 ……………………………… 94

用脚踩冰淇淋 ………………………………… 95

微笑的潜能 …………………………………… 96

把悲痛藏在微笑下面 ………………………… 97

我少了一双鞋，却有人缺了两条腿 ………… 98

快乐的根源 …………………………………… 99

快　乐 ………………………………………… 99

四、笑对挫折：不要轻易被困境打倒

　　平稳的日子里，面对人情冷暖是非得失，仍能保持乐观的心态也许不难做到，但当面临巨大的人生变故和挫折，照样笑对人生勇敢前行，就不是一般人能做到的了。但是，你一旦拥有了这样一种勇气和力量，你也就拥有了一生快乐的资本。

不放弃就能找到出口 …………………………… 102

把位置放低 …………………………………… 104

行善也需平常心 ……………………………… 106

命运掌握在自己的手上 ……………………… 107

局部的失败 …………………………………… 107

真正的男子汉 ………………………………… 108

人生的意义需要自己确定 …………………… 109

度人度心 ……………………………………… 110

贤者之心有如山石 …………………………… 111

泥泞留痕 ……………………………………… 112

2500个"请" ………………………………… 113

长成一颗珍珠 ………………………………… 115

盲童的执著 …………………………………… 115

追随你的心灵 ………………………………… 117

丢掉悲观情绪 ………………………………… 118

不要偏离轨道 ………………………………… 119

真正的男人 …………………………………… 120

拥抱自由 ……………………………………… 122

麻烦人生 ……………………………………… 123

作家的悲剧 …………………………………… 124

人生和打牌 …………………………………… 124

迎接潮水 ……………………………………… 125

奇　迹 ………………………………………… 127

真诚地帮助别人 ……………………………… 129

走出"环境"的阴影 ………………………… 130

失败了也要昂首挺胸 ………………………… 131

五、调整心态：让健康的心态给生活带来阳光

　　心态不好的人，喜欢斤斤计较，容易着急上火，即使物质上并不比别人缺少什么，但精神上总是紧张兮兮，自然是哭的时候多，笑的日子少。而健康的心态是一缕阳光，即使在寒冷的冬天，你也能感受到温暖。

"报复"丈夫的办法 …………………………………… 134
自己若不气，哪里还有气 …………………………… 134
心就是快乐的根 ……………………………………… 136
甜蜜的樱桃 …………………………………………… 137
快乐的钥匙 …………………………………………… 138
快乐是"比"出来的 ………………………………… 140
心中有景 ……………………………………………… 141
快乐需要用自己的眼睛去发现 ……………………… 141
保持一颗清净的心 …………………………………… 142
以平常心交友 ………………………………………… 143
不要期待完美 ………………………………………… 145
以平常心泰然处之 …………………………………… 146
金子与石头 …………………………………………… 147
重要的是心 …………………………………………… 148
一切都将过去 ………………………………………… 148
都是人生的旅客 ……………………………………… 149
完美是一声叹息 ……………………………………… 150

烦恼如沙 152
心中的花圃 154
收藏阳光 156
心态改变人生 157
沙漠游记 158
内心世界的大与小 159
只在乎"现在" 160
面对闲言碎语 161
正确认识失恋 162
"高明"的猎食 164
麦田里的守望者 166
不回头 167
虚拟的光环 167
换种心态思考 168
将快乐与人分享 170
给自己"解套" 170
有得有失，焉知祸福 171

六、豁然开朗：换一种态度换一种心情

有的人看问题喜欢钻牛角尖，在别人眼里完全可以忽略或绕过的问题，在他这里却成了翻不过去的大山，这种人生活、工作中多的是猜疑、嫉妒、生气。要想从中解脱其实并不难，只需换一种态度，就能即刻拥有不一样的心情。

目录：Contents

自嘲的快乐	176
做人做事的糊涂准则	177
善恶全在一线间	179
不必伤心	181
不同的比较换来不同的心境	181
太好了	182
让心里的大佛转身	183
自己的行为自己决定	184
灯芯将尽	185
损失了两个马克	186
想买货的人才会挑毛病	187
欲念一生福自去	188
知道自己有什么	189
善待别人的缺点	190
以美的眼光看周围的人	191
不要报复你的敌人	192
与人方便才能与己方便	193
给人面子是最大的尊重	194
美丽的裙子	195
也要给别人一个权利范围	196
看到的与真实的	197
三文钱买饼	198
如此养生	199
水满则溢，月盈则亏	200
我也可以为你忙	201
虚心才能学到真本事	202

学会低调入世 …………………………… 203
追求完美的魂灵 ………………………… 204
理解带来奇遇 …………………………… 205
"扔掉"缺点 …………………………… 206
面子与生命 ……………………………… 208
"不如学生"的琴师 …………………… 209
以退为进 ………………………………… 210
记住恩惠，忘记怨恨 …………………… 211
倾听别人的声音 ………………………… 212
误会的伤害 ……………………………… 213
以和为贵 ………………………………… 214
区　　别 ………………………………… 215
忍　　让 ………………………………… 216
大师雇工人 ……………………………… 217
爱跌跤的总统 …………………………… 218
接受自己不喜欢的事 …………………… 219
心与心的共鸣 …………………………… 220
信誉与荣誉 ……………………………… 221
战胜欲望的高度 ………………………… 223
不同的听力 ……………………………… 224
心"热"的代价 ………………………… 225

一、看淡得失：

欲望的负累会让你疲惫不堪

人有欲望不是坏事，坏就坏在欲望过多，得失之心太重。生活中的诱惑本来就很多，如果你这也强求，那也不想放下，必然身心疲惫，又哪来快乐可言？俗话说，命里有时终须有，命里无时莫强求。放下生命中的诸多负累，轻装前进，的确是获取快乐的良方。

轻松上路

一个青年背着个大包裹千里迢迢跑来找大师，他说："大师，我是那样的孤独、痛苦和寂寞，长期的跋涉使我疲倦到了极点：我的鞋子破了，荆棘割破双脚；手也受伤了，流血不止；嗓子因为长久地呼喊而喑哑……为什么我还不能找到心中的阳光？"

大师问："你的大包裹里装的什么？"青年说："它对我可重要了。里面装的是我每一次跌倒时的痛苦，每一次受伤后的哭泣，每一次孤寂时的烦恼……靠着它，我才能走到您这儿来。"

于是，大师带青年来到河边，他们坐船过了河。上岸后，大师说："你扛了船赶路吧！""什么，扛了船赶路？"青年很惊讶，"它那么沉，我扛得动吗？""是的，孩子，你扛不动它。"大师微微一笑，说，"过河时，船是有用的。但过了河，我们就要放下船赶路，否则，它会变成我们的包袱。痛苦、孤独、寂寞、灾难、眼泪，这些对人生都是有用的，它能使生命得到升华，但须臾不忘，就成了人生的包袱。放下它吧！孩子，生命不能太负重。"

青年放下包袱，继续赶路，他发觉自己的步子很轻松，比以前快多了。原来，生命是可以不必如此沉重的。

以前的经历可以成为我们以后的借鉴，但我们不可因此背上包袱，我们还有很长的路要走。只有放弃那些失败、哭泣、烦恼，轻轻松松上路，你才会越走越快，越走越欢愉。

一、看淡得失：欲望的负累会让你疲惫不堪

寻找快乐

有一个富翁背着许多金银财宝，到远处去寻找快乐。可是走过了千山万水，也未能寻找到快乐，于是他沮丧地坐在山道旁。一农夫背着一大捆柴草从山上走下来，富翁说："我是个令人羡慕的富翁。请问，为何没有快乐呢？"

农夫放下沉甸甸的柴草，舒心地擦着汗水："快乐也很简单，放下就是快乐呀！"富翁顿时开悟：自己背负那么重的珠宝，老怕别人抢，总怕别人暗害，整日忧心忡忡，快乐从何而来？于是富翁将珠宝、钱财接济穷人，专做善事，慈悲为怀。这样既滋润了他的心灵，他也尝到了快乐的味道。

时下，人们成天被名缰利锁缠身，何有快乐？成天陷入你争我夺的境地，快乐从何而言？成天心事重重，阴霾不开，快乐又在哪里？成天小肚鸡肠，心胸如豆，无法开朗，快乐又何处去寻？

"放下就是快乐"是一个开心果，是一粒解烦丹，是一道欢喜禅。只要你心无挂碍，什么都看得开、放得下，何愁没有快乐的黄莺在啼鸣，何愁没有快乐的泉溪在歌唱，何愁没有快乐的白云在飘荡，何愁没有快乐的鲜花在绽放！

打开心灵之门

有一个人，每到晚上都会做一个梦，他梦见自己走在很长的走廊，走到尽头时，出现了一道门，看见门他全身发抖，直冒冷汗不敢打开

门。就这样，20年来他每晚都做同样的梦，也找心理医师治疗了20年。

后来他找到了一位老者，也把梦的情形跟老者说了一遍。

老者沉思片刻，对他说："你为什么不把门打开看看呢?！最多只是一死而已嘛！"这人想想很有道理，于是当晚在梦中他便鼓起勇气把门推开了……

第二天，他又来找老者。

老者问他："门打开了吗？"

他点点头回答："打开了！"

老者问："结果，门后有什么呢？"

他说："打开门后，呈现眼前的是一片绿油油的柔软草地，有灿烂的阳光、耀眼的舞蝶……"

人生之所以有很多烦恼，就是在于很多人都不敢打开生活的心灵之门。如果你果断地去尝试，把那些无端的烦恼都抛到九霄云外，你就能够感受到生活的幸福和快乐。

不同的选择

两个不如意的年轻人，一起去拜望师父："师父，我们在办公室里被欺负，太痛苦了，求你开示，我们是不是该辞掉工作？"两个人一起问。

师父闭着眼睛，隔了半天，吐出5个字："不过一碗饭。"就挥挥手，示意年轻人退下。

刚回到公司，一个人就递上辞呈，回家种田，另一个人却留了下来。

一、看淡得失：欲望的负累会让你疲惫不堪

转眼10年过去了。回家种田的以现代方法经营，加上品种改良，居然成了农业专家，还拥有了自己的农庄；另一个留在公司的，也不差，他忍着气，努力学，渐渐受到器重，成了经理。

有一天，两个人相遇了。农业专家说："奇怪，师父给我们同样'不过一碗饭'这5个字，我一听就懂了，不过一碗饭嘛，日子有什么难过？何必硬留在公司？所以我辞职了。"

他问另一个人："你当时为何没听师父的话呢？"

"我听了啊，"那经理笑道，"师父说，'不过一碗饭'，多受气，多受累，我只要想：不过为了混碗饭吃，老板说什么是什么，少赌气，少计较，就成了，师父不是这个意思吗？"

两个人又去拜望师父，师父已经很老了，仍然闭着眼睛。隔了半天，答了5个字："不过一念间。"

当你决定放下，你不会失去任何东西，失去的只有烦恼。人生所有的烦恼都是放不下的执著。

三个旅行者

三个旅行者同时住进了一家旅店。

早上出门的时候，一个旅行者带了一把伞，另一旅行者拿了一根拐杖，第三个旅行者什么也没有拿。晚上归来的时候，拿伞的旅行者淋得浑身是水，拿拐杖的旅行者跌得满身是伤，而第三个旅行者却安然无恙。于是前两个旅行者很纳闷，问第三个旅行者："你怎么会没事呢？"

第三个旅行者没有回答，而是问拿伞的旅行者："你为什么会淋湿而没有摔伤呢？"

拿伞的旅行者说："当大雨来临的时候，我因为有了伞就大胆地在

雨中走，却不知怎么淋湿了，当我走在泥泞坎坷的路上时，我因为没有拐杖，所以走得非常仔细。专拣平稳的地方走，所以没摔伤。"

然后，他又问拿拐杖的旅行者："你为什么没有淋湿而是摔伤了呢？"

拿拐杖的旅行者说："当大雨来临的时候，我因为没有带雨伞，便拣能躲雨的地方走，所以没有淋湿。当我走在泥泞坎坷的路上时，我便用拐杖拄着走，却不知为什么常常跌伤。"

第三个旅行者听后笑笑，说："这就是我安然无恙的原因。当大雨来临时我躲着走，当路不好时我小心地走，所以我既没有被淋湿也没有摔伤。你们的失误就在于你们有凭借的优势，认为有了优势便少了忧患。不懂得去选择去放弃。"

第三个旅行者才是真正的旅行者，他的旅行没有思想包袱，他懂得选择，也懂得放弃，所以他既不会被雨淋也不会跌伤自己。

许多时候，我们不是跌倒在自己的缺陷上，而是跌倒在自己的优势上，因为缺陷常能给我们以提醒，而优势却常常使我们忘了去选择和放弃。

苹果的诱惑

有两个人十分要好，彼此不分你我。一日他们走进了沙漠，干渴威胁着他们的生命。上帝为了考验他们的友情，就对他们说："前面的树上有两个苹果，一大一小，吃了大的就能平安走出沙漠。"两人听了，就都让对方吃那个大的，坚持自己要吃小的。争执到最后，谁也没说服谁，两人都迷迷糊糊睡着了。

不知过了多长时间，其中一个突然醒来，却发现他的朋友早向前走

一、看淡得失：欲望的负累会让你疲惫不堪

了。于是他急忙走到那棵树下，发现两个苹果只剩下了一个。摘下来一看，很小很小。他顿时感到朋友欺骗了他，便怀着悲愤与失望的心情向前走去。

突然，他发现朋友在前面昏倒了，便毫不犹豫地跑了过去，小心地将朋友轻轻抱起。这时他惊异地发现：朋友手中紧紧地攥着一个苹果，而那个苹果比他手中的小了许多。

他们经受住了上帝的考验。

抵挡住苹果的诱惑，经受住沙漠的考验。什么是真正的友情，这个故事便给了我们真正的答案。

人生中的"红绿灯"

从孩提时，命运之神就好像特别跟迈克过不去。

4岁那年，迈克父母在一次车祸中死去，他被寄养在一个远房舅舅家。舅舅对他很刻薄，吆喝打骂是家常便饭。迈克懂事很早，学习非常用功，成绩出类拔萃，考上了一所名牌大学的热门专业。但毕业那年，全国的经济形势都不好，辛苦找了一年工作，却丝毫没有着落。

对迈克最好的，是那位60多岁的房东老太太，满头白发下，仍然能看出那份安详与高贵。每次迈克回来，她都会开门高兴地招呼他，尽管迈克自己有钥匙可以开门。看到迈克沮丧的样子，老太太总是安慰道："迈克，事情没那么糟糕，一切都会好起来的。"迈克每次心里都很感动，但是他觉得，老太太根本就不会知道他的难处。他想，如果他能像她那样，每天最重要的事，就是看着马路上川流不息的车辆，以及熙熙攘攘的人群，他也一定会这样快乐。

有一天，迈克看着老太太出神的样子，不由得纳闷：在她的思想里，到底装着一个怎样的世界呢？那马路上每天都如此单调，对迈克来说，实在没有什么可看的。他终于禁不住地问她："您每天都在看什么呢？有什么有意思的事情吗？"

老太太笑眯眯地望着迈克："孩子，那马路上的红绿灯，写下的是无数行人生命的征程，怎么会没有意思呢？"

"那有什么好看的呢？不就是红绿灯吗？"迈克还是不解。

"孩子，你还不明白。这人生呀，就像那红绿灯，一会儿红，一会儿绿。红的时候呀，就没法动了，动了就会出交通事故；绿的时候呢，就一路通畅无阻。"老太太顿了顿，"有时你远远看着那灯是绿的，等车子加速到了跟前，却可能突然就红了。有时远看是红的，到了跟前就变绿了。有的车到每个路口，都可能是绿灯变红灯，有的车到每个路口，都是红灯变绿灯。可是呀，它们最终都同样离开了这里，朝着遥远的地方去了。有了这红绿的变换，人生的步伐才有快慢调整，人生的景色才有五彩斑斓。为什么要为一次红灯而焦虑不安，或为一次绿灯而兴奋不已呢？"

迈克总算明白，原来自己一直在人生的路口撞着红灯，而绿灯总会闪起，远方依然在召唤。带着对老太太的感激，迈克开始了新的努力。

40岁那年，迈克成了美国最著名的电脑经销商，拥有亿万家产。在哈佛大学演讲那天，在如雷的掌声中，他没有忘记当年那位房东老太太的教诲。他平静地说道，自己只不过是遇上了人生的绿灯而已。成功的时候，不要忘记人生还有红灯；失败的时候，不要忘记前边可能就是绿灯。

成败体现不出一个人的价值，只是一种规律作用下的必然结果。无论成败，你都还有自己的价值，它比单纯的成败更值得重视。

一、看淡得失：欲望的负累会让你疲惫不堪

平分财产

从前摩罗国有一位富翁，得了重病，知道自己将不久于人世，就把两个儿子唤到床前说："我死了以后，你们兄弟二人要好好地平分财产……"

话未说完，富翁就去世了。

兄弟二人望着万贯家财，心生贪念，便开始你争我夺。无论怎么分配，二人始终都有意见。

这时，有一位老人对他俩说："我教你们如何把东西平均分成两份，只要把你们所有的财物通通从中间切成两份就成了！"

听完后，二人异口同声高兴地说："真是好方法！"

于是迫不及待地取出衣服、碗盘、花瓶、钱币等等家产，一一把它们从中间小心谨慎地分成两半，连房子都从中间拆开了。

转眼间，万贯家财，却成了一堆堆一文不值的破铜烂铁。

在生活上，有很多人为了贪求多一点点的利益和多一点点的公平而失去了该有的气度与雅量。对待财物淡泊一些，对待别人宽容一些，就能避免遭受那些无端的损失。

不可执迷太深

非洲人抓狒狒有一绝招：故意让躲在远处的狒狒看见，将其爱吃的食物放进一个口小里大的洞中。等人走远，狒狒就欢蹦乱跳地来了，它将爪子伸进洞里，紧紧抓住食物，但由于洞口很小，它的爪子握成拳后就无法从洞中抽出来了,这时人只管不慌不忙地来收获猎物,根本不用担心它会跑掉,因为狒狒舍不得那些可口的食物,越是惊慌和急躁,就越将食物握得紧紧的,爪子就越无法从洞中抽出。

听说过这个故事的朋友都大呼"妙"!此招妙就妙在人将自己的心理推及到了类人的动物。其实,狒狒们只要稍一撒手就可以溜之大吉,可它们偏偏不!在这一点上,说狒狒类人,亦可说人类狒狒。狒狒的举止大都是无意识的本能,而人如果像狒狒一般只见利而不见害地死不撒手,那只能怪他利令智昏或执迷不悟。

失恋者只要肯对抛弃自己的恋人撒手,何至于把自己弄得失魂落魄、心灰意冷?失业者只要肯对头脑中僵化的择业观撒手,何至于整天萎靡不振、怨天尤人?赌徒只要肯对侥幸心理撒手,何至于血本无归、倾家荡产?瘾君子只要肯对海洛因撒手,何至于如行尸走肉、浑噩一生?贪赃枉法者只要肯对一个"钱"字撒手,又何至于锒铛入狱甚至搭上卿卿性命……

该放手时就放手,不可执迷太深。事实上,放手可以减轻一些麻烦和折磨,可以开始去做更有意义的事情。

有句老话:退一步,海阔天空。那就退上一步又如何?等待时机成熟再"卷土重来",何尝不是上策呢?

贪婪让生命受累

有个人善于游泳。一天,河水暴涨,水势很急。同村的五六个同伴一起要到河对岸去办事,尽管都识得水性,但还是乘了小船,横渡过去。哪知天有不测风云,小船到了河中央的时候,突然破了,水一个劲儿地漏进了船里。眼看船就要沉了,于是大家干脆就全跳下船去,准备

一、看淡得失：欲望的负累会让你疲惫不堪

游到对岸去，但那个善于游泳的人，虽然拼命地向前游，却游得很慢。

同伴问他："你游泳比我们都强，今天怎么啦，竟然落在了我们后面？"这个人十分吃力地说道："我腰上缠着500大钱，很沉，我游不动。""赶快把它解下来，丢掉算了。"同伴们都劝他。可是他摇着头，舍不得扔掉这500大钱，渐渐地这个人越游越慢，几乎要精疲力尽了。

这时，同伴中的一些人已经游到了对岸，看见这人马上就要沉下去了，于是就冲他大喊着："快把钱扔了！你为什么这样愚蠢，连性命都保不住了，还要这些钱有什么用。"可是这个人终究还是舍不得这些钱。不一会儿，他就沉下去淹死了。

我们每个人真正的价值，可以根据他轻视和重视的对象来衡量。生命是我们最大的财富，已经与我们同在了。许多人为了追求财富和权力，碰得头破血流，然而他们却看不到，爱情、平常心和幸福都是人间的瑰宝，没有任何土地或钱财能与这些无价之宝相比。

这个世界有太多的诱惑，因此有太多的欲望，并随之有太多欲望满足不了的痛苦。我们想要以清醒的心态，从容的步履走过人生的岁月，就不要表现得太贪婪。

我们终身劳苦而获得的财富和我们所能享受到的世俗的欢乐都只是过眼云烟，我们是不可能带着它们离开这个世界的。我们可以允许财富进入我们的屋内，但永远不要让它主宰我们的心灵。

我们现在和出生时已截然不同了。出生时，我们一无所有，但年复一年，我们已被生活的包袱压得喘不过气来。同时，我们也被各种欲望所折磨着。如果我们的欲求总是不着边际，我们便永远得不到它，我们便会无止境地追求它，直到我们精疲力尽的那一天。从某种意义上来说，这种生活已不是一种乐趣，而是一种折磨了。

所以，从今天起，卸下你沉重的包袱吧。用崭新的眼光来重新审视自己，让自己的灵魂挣脱无止境的需求，进入怡然之境。

有些人因为贪婪，不懂得放弃应该放弃的东西，结果便是失去了更多，甚至赔上了性命，实在是可悲！

"有所得"时的贪念

黑夜里，一个旅行者骑着骆驼在沙漠中赶路。当骆驼跨过干涸的河床时，突然有个神秘的声音命令他停下来，旅者翻身下来时，那个声音说道："蹲下去抓一把沙石！"他只有照做。

"捧着它继续上路，日出时，你一定会又高兴又懊恼！"声音不再响起，旅者又惊吓又纳闷，骑着骆驼继续赶路，再不敢停下来，终于等到一线曙光。微弱的光线下，旅者赫然发现，手上捧着的竟是一把耀眼灿烂的宝石。一阵震惊，本能地迅速用双手捧住原来令他漫不经心的"沙石"，手与心都在颤抖。

然而在兴奋之后，却又无端地闪出一丝丝懊悔。

"早知道当时应多抓一把！"

"上骆驼时、一路上，唉！不知道掉了多少颗？"

"是回去找那条河床，还是继续原来既定的行程？"

如果旅者第二天发现，手中的沙石仍是沙石，一定会撒向沙漠，拍拍手掌，狂笑三声，扬长而去，潇洒得坦坦荡荡。贪念总是在"有所得"的时候最容易发生。职场上，平时积极做事、敬业乐群的员工，当升迁调动、调薪或奖金发放时，不满、不平、不悦的情绪如影随形。而在庙堂之上，平时满怀忧国忧民、只求做事不求做官者，一旦有位可迁，有官可升，则无不削尖脑袋使出浑身解数，千方百计去钻营，希望手上的宝石更多一点。

一路走来，每个人手上握着的是沙石或是珠宝，真那么重要？沙漠

一、看淡得失：欲望的负累会让你疲惫不堪

中沙石、珠宝有何差别？对于生命，沙石、珠宝可能给予滋润吗？这个时候该关心的是——哪里是绿洲？何处是彼岸？

不用放下任何财物，不用损失任何东西，只要放下那颗执著于物质的心，不被得失牵动你的喜怒，你就已经是得到了更大的自由和最珍贵的"珠宝"。

告别总统之位

华盛顿是美国独立战争时期的陆军总司令，美利坚合众国的第一任总统。他作为当时美国新兴资产阶级的代表人物，在美国和世界历史上都产生过重大影响。

华盛顿是一个能为国为民鞠躬尽瘁死而后已的伟大人物。在美国独立战争取得胜利后，为了国家和人民的利益，对美国总统这一职位，他曾几辞几任，皆大义所为，充分表现了他作为一个伟人的坦荡胸怀和崇高品格。

华盛顿出生于一个种植园主家庭。长时期种植园的生活，使他对英国的殖民政策甚感不满，认识到北美殖民地除独立外，别无出路。为了国家的独立和人民的解放，他毅然站到了反英的前列。在战火的洗礼中，他逐渐成长起来，担任了美国独立战争时期的陆军总司令，为美国的独立做出了巨大的贡献。

独立战争胜利后，华盛顿以其卓越功勋而成为美国最高领导者，本应是顺理成章之事，一些阶层和集团也欲效英国君主制，希望他"登基"称"国王"，他统率的军队也表示支持，然而华盛顿却坚决反对。

他奋笔疾书："让我恳求你们，如果你们对你们的国家还有一丝尊敬之情，如果你们还为你们自己和你们的子孙后代着想，或者你们尊重我的话，那么就从你们的头脑中彻底清除这种念头。我认为这个念头包藏着可能降临我国的巨大灾难。"

他主动辞去了陆军总司令职务，不当国王当农夫，返回蒙特维尔农庄与家人团聚，恢复了一个平民的身份。

隐退之后，他却发现当时的美国联邦政府是"一个半死不活的、一瘸一拐的政府"，意识到美国独立战争的胜利果实正"濒临混乱和毁灭的边缘"。于是，华盛顿决心改变这种状况而再度出山。

1787年，他主持召开了"宪法会议"；1789年，又因其特殊地位、荣誉和声望而当选美国第一任总统。上任后，就以卓越的才能解决了许多棘手的问题，从而使美国政府得到了真正的健全。

华盛顿连任两届美国总统之后，于1796年11月发表了著名的《告别书》，主动离开了政治舞台，又回到山庄，再次过上了宁静的生活。

在追求地位、财富及他人的尊敬时，千万不要在不知不觉中将这些当做自己的终极目标，要避免现在所做的任何事情都完全是为了个人，要消除对名与利的无限欲望，以淡泊之心感受生活！

五颗金牙

一虔诚的佛教信徒，有一次在与少林寺很近的地方，被两位歹徒截住。歹徒让信徒交出身上所有值钱的东西。信徒什么都没有说，默默地把一条金项链交给了歹徒。

歹徒仍不甘心，把信徒的浑身上下搜了两遍，没有更多的收获，便恼羞成怒，将他打昏在地。

路过此地的一名僧人救起了信徒，问道："你被抢的地方，就离少林寺那么近，寺里有许多武林高手，你当时为什么不大声喊救命呢？"

一、看淡得失：欲望的负累会让你疲惫不堪

信徒答道："因为我怕一张开嘴巴，连我嘴里的五颗金牙，也会一起被那个歹徒抢走！"

其实，很多人不就是经常面临这种明明可以"喊救命"，却因为顾虑某种因素，而自愿放弃"救援"的机会吗？这些让自己乖乖"束手就擒"的因素，包括自尊、面子、名利……

很多人总是为了顾全眼前看得到的事物，而轻易放弃可以让问题获得解决的机会，但是这只会让自己所面对的问题陷入更难解决的情况。更何况你为了某种原因而假装看不见问题的存在，并不代表那个问题已经消失。充其量只是暂时将真正的问题掩盖起来，总有一天，你还是必须睁开眼睛来面对它。

房间里的老鼠

因为住屋有油漆味，戴维到附近一家很清静的小旅馆去避居几日。他带的行李只是一个装着两双袜子的雪茄烟盒，另有一份旧报纸包着一瓶酒，以备不时之需。

午夜左右，戴维忽然听到浴室中有一种奇怪的声音。过了一会儿，出来了一只小老鼠，它跳上镜台，嗅嗅他带来的那些东西。然后又跳下地，在地板上做了些怪异的老鼠体操，后来它又跑回浴室，窸窸窣窣，不知忙些什么，终夜不停。

第二天早晨，戴维对打扫房间的女服务员说："这间房里有老鼠，胆子很大，吵了我一夜。"

女服务员说："这旅馆里没有老鼠。这是头等旅馆，而且所有的房间都刚刚装修过。"

戴维下楼时对电梯司机说："你们的女服务员倒真忠心。我告诉她说昨天晚上有只老鼠吵了我一夜。她说那是我的幻觉。"

电梯司机说："她说的对！"

戴维的话一定被他们传开了。柜台服务员和门卫在戴维走过时都用怪异的眼光看他：此人只带两双袜子和一瓶酒来住旅馆，偏又在绝对不会有老鼠的旅馆里看见了老鼠！

无疑，戴维的行为替他博得了近乎荒诞的评语，那种娇惯任性的孩子或是孤傲固执的老人病夫所常得到的评语。

第二天晚上，那只小老鼠又出来了，照旧跳来跳去，活动一番。戴维决定采取行动。

第三天早晨，戴维到市场买了只老鼠笼和一小包咸肉。他把这两件东西包好，偷偷带进旅馆，不让当时值班的员工看见。第二天早上他起身时，看到老鼠在笼里，既是活的，又没有受伤。戴维不预备对任何人说什么。只打算把它连笼子提到楼下，放在柜台上，证明自己不是无中生有地瞎说。

但在准备走出房门时，他忽然想到："慢着！我这样做，岂不是太无聊，而且很讨厌？是的！我所要做的是爽爽快快证明在这个所谓绝对没有老鼠的旅馆里确实有只老鼠，从而一举消灭它。我以雪茄烟盒装两双袜子，外带一瓶酒（现在只剩空瓶了）来住旅馆而博得怪人、畸行的"光彩"。我这样做，是自贬身价，使我成为一个不惜以任何手段证明我没有错的器量狭窄、迂腐无聊的人……"

想到这儿，戴维赶快轻轻走回房间，把老鼠放出，让它从窗外宽阔的窗台跑到邻屋的屋顶上去。

半小时后，他下楼退掉房间，离开旅馆。出门时把空老鼠笼递给侍者。厅中的人都向戴维微笑点头，看着他推门而去。

在生活中，一定要避免无关紧要的争论。在很多情况下，为了证明自己的正确，伤害别人的面子，牺牲你的人缘，是不值得的。

一、看淡得失：欲望的负累会让你疲惫不堪

欲念与需氧量

有位叫蒙克夫·基德的登山家，在不带氧气的情况下，多次跨过6500米的登山死亡线，并且最终登上了世界第二高峰——乔戈里峰。他的这一壮举在1993年载入世界吉尼斯纪录。

过去，不带氧气瓶登上乔戈里峰是许多登山家的愿望。但是一旦超过6500米，空气就稀薄到正常人无法生存的程度，想不靠氧气瓶登上近8000米的峰顶，确实是一个严峻的挑战。可是，蒙克夫做到了，在颁发吉尼斯证书的记者招待会上，他是这样描述的：我认为无氧登山运动的最大障碍是欲望，因为在山顶上，任何一个小小的杂念都会使你感觉到需要更多的氧。作为无氧登山运动员，要想登上峰顶你必须学会清除杂念，脑子里杂念愈少，你的需氧量就愈少；欲念愈多，你的需氧量就愈多。在空气极度稀薄的情况下，必须学会排除一切欲望和杂念。

我们都或多或少地在贫困中支撑过，在金钱始终不甚宽裕的日子里生活过。你是否发现，一旦我们的心中充满欲望，就会感到需要钱，并且欲望愈大，愈是感觉到需要更多的钱，尤其是沉溺于享乐时更是如此，这样的人在生活和事业上是登不上顶峰的。

舍得舍得，有舍有得

在巴勒斯坦有两个湖，这两个湖给人的感觉是完全不一样的。其中一个湖名叫太巴列，水质清澈洁净，可供人们饮用，湖里面各种生物和平相处，鱼儿游来游去，清晰可见，四周是绿色的田野与园圃，人们都喜欢在湖边筑屋而居。

另一个湖叫死海，水质的碱度位于世界之最，湖里没有鱼儿游动，湖边也是寸草不生，了无生气，景象一片荒凉，没有人愿意住在附近，因为它周围的空气都让人感到窒息。

有趣的是，这两个湖的水源，是来自同一条河的河水。所不同的是：一个湖既接受也付出，而另一个湖在接受之后，只保留，不懂得舍却原来的水。

让河水流动，方得一池清水，这是流水不腐的道理。舍而后得，这是人生的道理。

"舍得"一词，是佛家语，是禅境语。本意是讲万丈红尘扑朔迷离，人生在世总会有获得有舍却。舍与得互为因果，往与复本来是自如的，如果领略其中奥妙，自然可以打破分别之心。佛无分别心，无分别心，即无烦恼挂碍，心境圆融通达，人生有限之生命就会融入无限的大智慧中。

舍与得的问题，多少有点哲学的意味。舍得，舍得，先有舍才有得，不舍不得，小舍小得，大舍大得，舍即是得。舍是得的基础，将欲取之，必先予之，因而人生最大的问题不是获得，而是舍弃，无舍尽得谓之贪。领悟了舍得之道，对于做人做事都有莫大的益处。做人，应该抛弃贪婪、虚伪、浮华、自私，力求真诚、善良、平和、大气。做事，应该时时处处想到付出、奉献。

提着与放下

有一天，一位弟子去拜访赵州禅师，由于没有带礼物，心里觉得很过意不去，于是对赵州禅师说："老师！我什么都没有带来。"

赵州禅师说："那么你就放下吧！"

一、看淡得失：欲望的负累会让你疲惫不堪

这个学生没有听懂老师的启发，却更在意起来，便说："老师！我什么礼物都没有带，你怎么叫我放下来呢？"

赵州禅师听了又说："那么你就提着吧！"

人不免有一点小错，就心理健康的法则来看，要懂得原谅自己。小错只要改正就行，用不着太在意。太在意就会失去宽阔的心胸，无法超然物外，放不下心里的包袱，人生便失去了豁达的境界。

一院的美丽与一村的菊香

一位老禅师在院子里种了一棵菊花。第三年的秋天，院子成了菊花园，香味一直传到山下的村子里面。凡是来寺院的人们都忍不住赞叹："好美的花儿呀！"

一天，村子里有个人开口向老禅师要几棵花种在自家的院子里，老禅师答应了。他亲自动手挑选开得最艳、枝叶最粗的几棵，挖出了根须送到了那个人的家里。消息很快传开了，前来要花的人接连不断。在老禅师的眼里，这些人一个比一个知心，一个比一个亲近，所以都要给。不多时日，院子里的菊花就被送得一干二净了。

没有了菊花，院子里就如同没有了阳光一样寂寞。

秋天的最后一个黄昏，有个弟子看到满院的凄凉，就忍不住地叹息道："真可惜！这里本来应该是满院花朵与香味的。"

老禅师笑着对弟子说："你想想，这岂不是更好吗？三年之后将一村菊香。"

"一村菊香！"弟子不由得心头一热，看着师父，只见他脸上的笑容比开得最美的花还要灿烂。

老禅师告诉弟子说："我们应该把美好的事与别人一起共享，让每一个人都感受到这种幸福，即使自己一无所有了，心里也是幸福的。这时候我们才真正拥有了幸福。"不舍一株菊花，哪得一村菊香？

没有小舍，怎么可以得到更多？生活是一种付出——收获——付出的往复循环过程，而在整个循环过程中，付出是前提，收获是结果。假如你不舍小，那么就不可能有大得。

错过了美丽，收获的不一定是遗憾

美国的哈佛大学要在中国招一名学生，这名学生的所有费用由美国政府提供。初试结束了，有30名学生成为候选人。

考试结束后的第10天，是面试的日子。30名学生及其家长在锦江饭店等待面试。当主考官劳伦斯·金出现在饭店的大厅时，一下子被大家围了起来，他们用流利的英语向他问候，有的甚至还迫不及待地向他做自我介绍。这时，只有一名学生，由于起身晚了一步，没来得及围上去，等他想接近主考官时，主考官的周围已经是水泄不通了，根本没有插空而入的可能。

于是这名学生错过了接近主考官的大好机会，他觉得自己也许已经错过了机会，于是有些懊丧起来。正在这时，他看见一个外国女人有些落寞地站在大厅一角，目光茫然地望着窗外，他想：身在异国的她是不是遇到了什么麻烦，不知自己能不能帮上忙。于是他走过去，彬彬有礼地和她打招呼，然后向她做了自我介绍，最后他问道："夫人，您有什么需要我帮助的吗？"

后来这名学生被劳伦斯·金选中了，在30名候选人中，他的成绩并不是最好的，而且面试之前他错过了加深自己在主考官心目中印象的最佳机会，但是他却无心插柳柳成阴。原来，那位异国女子正是劳伦斯·金的夫人。原来错过了，收获的并不一定是遗憾，有时甚至可能是意外的收获。

人生要留一份从容给自己，这样就可以对不顺心的事，处之泰然；对名利得失，顺其自然。要知道世上所有的机遇并不都是为你而设的，人生总是有得有失，有成有败，生命之舟本来就是在得失之间浮沉。只要怀着诚恳、善良的心，总会有所收获。

放下心中的屠刀

从前，印度奇特拉杜尔加有一位国王，他十分关心百姓的疾苦，很受臣民爱戴。这位国王还有一个特别之处，就是爱做稀奇古怪的梦。因此，人们都叫他"梦王"。

一天，国王梦见一只红狐狸悬挂在他床头的上空。他百思不得其解，便下令把全国的学者召到王宫，给他解梦，可是谁也解释不出这个梦的意思。于是，国王宣布，如果谁能解梦，就赏给他1000枚金币。

某个村子里有个穷农夫，他听说这一消息后，连夜去找知识渊博的婆罗门拉马·乔西。农夫对婆罗门说："如果您能告诉我这个梦的意思，我一定把国王的赏钱分给您一半。"

博学的婆罗门既不贪名，也不图利，但他想考验一下农夫是否诚实。因此，他同意了农夫的要求。他说："这个梦是向国王暗示，在我们这个王国里，存在着许多虚伪、欺骗和不诚实的现象，他应设法尽快杜绝。"

国王听了农夫的解释，连连点头称是。他赏给了农夫1000枚金币。可是，自私的农夫没有履行诺言，他一个人把钱独吞了。

不久，国王又做了一个怪梦，梦见在他头上悬挂着一把寒光闪闪的匕首。这次，他宣布，如谁能解梦，就奖赏5000枚金币。

农夫又来求婆罗门拉马·乔西，并发誓这次一定把赏金分给他一半。

婆罗门拉马·乔西对他说："这个梦说明奇特拉杜尔加即将遭到敌人的进攻。快去禀告国王，从现在起，务必做好抗击敌人的准备。"

国王听完农夫的解释，立刻下令军队处于戒备状态。不久，果然有敌军来犯，国王的军队很快就把他们打退了。

国王奖给农夫5000金币，可他这次又分文没给婆罗门拉马·乔西。

过了一些日子，国王又做了一个离奇的梦，梦见王宫的花园里有一只羊在悠闲地吃草，有一只白鸽在他头顶上盘旋。这次，国王宣布，谁要是能解梦，就赏给他许多珠宝。

农夫又厚着脸皮来向婆罗门拉马·乔西讨教。品格高尚、博学多识的婆罗门不计前嫌，他对农夫说："你去告诉国王，这个梦是个好兆头，预示我们国家今后将会出现太平盛世。"

国王听罢农夫的解释，非常高兴，赏给了他许多宝石和金币。

这次，农夫终于悔悟了，他对自己的不诚实的行为感到十分惭愧。他以忏悔的心情，带着国王赏给他的所有金币和宝石来到婆罗门拉马·乔西的家里，要把这些东西全都送给他，想以实际行动痛改前非。

婆罗门却不肯接受，他说："第一次是虚伪、欺骗和不诚实的思想控制了你的灵魂；第二次是私心杂念占据了你的头脑；第三次你终于战胜了邪念。现在，你的内心已经充满了仁爱、感激和友好的情感。你不必再为过去的错误行为苦恼了，神明会宽恕你的。"

虚伪、欺骗、自私、贪婪就像佛门所谓的"屠刀"，会把人引向歧途，但若能及早悔悟，也可以获得宽恕。"放下屠刀，立地成佛"，只要勇于改正错误，任何时候都不算晚。怕就怕一错再错，永不回头。

一、看淡得失：欲望的负累会让你疲惫不堪

难得"放下"

有一个人出门办事，跋山涉水，非常辛苦。有一次他经过险峻的悬崖，一不小心，跌入深谷。眼看生命危在旦夕，他在下跌过程中双手在空中攀抓，刚好抓住悬崖壁上枯树的老枝，总算保住了性命。但是人悬荡在半空中，上下不得，进退维谷，不知如何是好。这时，他忽然看到有位农夫站在悬崖上，正慈祥地看着自己。

此人如见救星般赶快求农夫："农夫！求您发发慈悲，救我吧！"

"我救你可以，但是你要听我的话，我才有办法救你上来。"农夫慈祥地说。

"农夫！到了这种地步，我怎敢不听您的话呢？随您说什么，我全都听您的。"

"好吧！那么请你把攀住树枝的手放下！"

此人一听，心想："把手一放，势必掉进万丈深渊，跌得粉身碎骨，哪里还保得住性命？"

因此他更是抓紧树枝不放。农夫看到此人执迷不悟，只好离去。

"放下"是非常不容易做到的，有了权势，就对权势放不下；有了功名，就对功名放不下；有了金钱，就对金钱放不下；有了爱情，就对爱情放不下；有了事业，就对事业放不下。但是，有时"放下"才能让生活更好地继续。

落　日

从前有一个小和尚，站在山坡上看落日。当太阳渐渐落下山坡时，小和尚突然大哭了起来。这时，一个老师父从这里经过，就问小和尚，小和尚说："夕阳是如此的美妙，可无论如何都不能把它留住，所以就哭了起来。"老师父听完哈哈大笑起来，他对小和尚说："明知不能留，为何还要强求呢？"

其实美丽的东西，并不是一定要拥有，只要我们心中时常珍藏着一份美丽，生活就是最美丽的享受。明知不能留就不必强求，太勉强总会不尽人意。

不要抱怨已经得到的

秋天的黄昏，阿发信步走向郊外。他发现秋天的足迹在乡村所烙下的景象远比城市美好。

在城市里，生活即使舒适，但有时仍感贫乏；工作即使忙碌，但有时也觉空虚；有快乐也有彷徨，有希望也有失望，总是难得如意。因此，寻访乡野便成为解决烦恼的一种途径。

乡间，正是丰收的季节，田垄上堆着已收割的稻子，农人提着镰刀正将归去，他们松松斗笠，用颈上的毛巾擦着汗，然后嬉笑着走向冒着炊烟的家。

几个黑黝黝的乡童用竹竿打着枣树上的果实，在溪水里清洗一下，便津津有味地吃起来。

一、看淡得失：欲望的负累会让你疲惫不堪

阿发在溪边的一棵树下坐下，鞋上沾满泥巴。一个禅师走过来和他说话。老禅师的态度纯朴而友善，使人不必存有丝毫顾忌。听了他的谈话，阿发更加羡慕乡村的生活了。

老禅师说："农夫感觉快乐，是因为他们能够适应田间的工作，而且喜欢它。"

阿发不禁自问：如果我到乡下长久生活，也能适应吗？我能忍受风吹日晒？能放弃城市里一些现代化的享受？能吃得消使手磨出茧的工作吗？

老禅师又说："我很乐观，我对生活从不曾抱怨过，我吃自己种的蔬菜和水果，觉得那是世上最好的食物。"

阿发似有所悟地点点头。

许多人看起来生活得很愉快，就是因为他们对生活从不曾抱怨过。乡下人进城感到好奇，城里人下乡觉得新鲜，这都是短暂的。如果你不能适应生活，不能调整心态，你永远都会有烦恼，不论在乡下或城里。

淡有淡的味

有一位富翁来到一个美丽寂静的小岛上，见到当地的一位农民，就问道："你们在这里都做些什么呀？"

"我们在这里种田过活呀！"农民回答道。

富翁说："种田有什么意思呀？而且还那么辛苦！"

"那你来这里做什么？"农民反问道。

富翁回答："我来这里是为了欣赏风景，享受与大自然同在的感觉。我平时忙于赚钱，就是为了日后要过这样的生活。"

农民笑着说："数十年来，我们虽然没有赚很多钱，但是我们却一直都过着这样的日子啊!"

听了农民的话,这位富翁陷入了沉思。

也许,生活简单一点,心理负荷就会减轻一些。外出到远方,眼前的繁华美景,不过是一时的安乐,与其辛苦地去更换一个环境,不如换一个心境,任人世物转星移,沧海桑田,做个安贫乐道的无事之人。

所以,人要真正获得自在、宁静,最要紧的就是安贫乐道。春秋战国时代的颜回"一箪食,一瓢饮,人不堪其忧,而回亦不改其乐"是一种安贫乐道;东晋田园诗人陶渊明"采菊东篱下,悠然见南山"是一种安贫乐道;近代弘一法师"咸有咸的味,淡有淡的味"也是一种安贫乐道。

二、顺其自然：

追求一种坦然与和谐的生存状态

> 我们在生活的过程中，自觉不自觉地选择了一种属于自己的状态：有紧张忙碌，有悠闲自得，有苦中求乐，很难说哪一种状态是好的或是坏的。但可以肯定的是，顺其自然物我相谐的状态，是最能使身心愉悦的一种状态。

漂亮的死鱼

一条漂亮的鱼，生活在大海里，总感到没有意思，一心想找个机会离开大海。一天，它被渔夫打捞上来，高兴得在网里摇头摆尾，它想："这回可好啦！总算逃出了苦海，可以自由呼吸了。"

因为欢喜，它蹦得很高。当听到渔夫与他儿子议论着用什么方法将它烹饪的时候，它重重地摔了下来，昏了过去。

醒来时，发现自己竟然仍在水中，在一口破旧的水缸里，它那身漂亮的斑纹救了它。渔夫决定将它养下，少吃一条鱼实在无所谓，何况它是一条多么美丽的鱼啊！

鱼欢畅地游来游去，在那只破水缸里。缸很小，太小了，可它仍不停下。一口水缸和一条漂亮的鱼、快乐的鱼。

每天，渔夫总会往水缸里放些鱼虫，鱼很高兴，不停地晃动身子，展示漂亮的服饰，讨渔夫欢喜。渔夫真的乐了，又撒下一大把鱼虫，鱼大口地吃着，累了则可以停下，打个盹儿。鱼儿开始庆幸自己的美妙命运，庆幸现在的生活，庆幸自己一身花衣。想到当初在海中，每天不得不自己出去寻找食物，还得时时提防大敌的突然袭击。它那些朋友可能已有几天没吃过东西，也可能已成了他人腹中之物。想到这儿，它大口咽下一群鱼虫，自言自语道：这才是生活。

在它眼中，这分明是一条漂亮鱼应得的待遇。

日子一天一天地过，鱼儿一天一天地游。似乎有些厌倦，但再也不愿回到海里去了。"我是一条漂亮鱼。"它总这么对自己说。

渔夫要出海了，这次可是出远海，十天半月才能回家。留下儿子一人。第一天，鱼没按时吃到鱼虫。第二天，依然没有吃的，他开始抱怨

二、顺其自然：追求一种坦然与和谐的生存状态

渔夫儿子这样怠慢一条漂亮鱼。第三天，它渐渐支持不住，饿得发慌。想到在海中，10天找不到食物，它依然行动敏捷，现在身子发了福，只是游水的本领大不如前了。第四天，终于有吃的了，不是鱼虫，而是渔夫儿子吃剩的残羹。顾不上嫌弃，鱼大嚼起来。它饿得实在不行了。渔夫儿子总是隔三差五地喂些残羹给它吃，鱼儿抱怨不停。

终于，消息传来，渔夫出海遇难了。渔夫的儿子收拾了东西搬走了。什么都带上，只忘了那条漂亮鱼。鱼在缸里大喊："嗨！带上我，别丢下我！"没人理它。

四周静悄悄，只剩下一口破水缸，一条漂亮鱼。

鱼很悲伤。想到昔日渔夫待它实在不薄，现在却遇难身亡，它十分悲伤。想到自己今后无人照料，困于水缸，它觉得绝望。

鱼抱怨，抱怨水缸太小，抱怨伙食太差，抱怨渔夫儿子对它无礼，抱怨渔夫轻易出海，甚至抱怨它决意离开大海时伙伴们为何不加劝阻，抱怨它所认识的一切，只忘了抱怨它自己。

它又开始幻想。一个富商路过此处，发现一条漂亮鱼，于是把它小心地收好，养在家中的大水塘里，每天都有可口的鱼虫……

太阳升起来了，四周静悄悄，只剩下一口破水缸，一条漂亮的死鱼。

生活就是这样，你可以选择在属于你自己的空间里自由翱翔。任何爱慕虚荣，幻想在别人的世界里获得幸福的人，永远找不回自己真正的生活，也终将被生活的浪涛淘汰。

人生就是这样，你在选择一种幸福的同时，便放弃了另一种幸福。

生活是公平的

意大利古城庞贝城里有位卖花女叫做倪娣雅。她虽双目失明，但并不自怨自艾，也没有垂头丧气把自己关在家里，而是像常人一样靠劳动自食其力。

不久，维苏威大火山爆发，庞贝城面临一次大地震，整座城市被笼罩在浓烟和尘埃中，昏暗的午夜，漆黑一片。惊慌失措的居民跌来碰去寻找出路却无法找到。但倪娣雅本就来看不见，这些年又走街串巷在城里卖花，她的不幸这时反而成了她的大幸，她靠着自己的触觉和听觉找到了生路，而且她还救了许多人。因为她可以不用眼睛安全如常行走，她的残疾已成为她的财富。

上苍真的很公平，命运在向倪娣雅关闭一扇窗的同时，又为她开启另一扇窗。世上的任何事都是多面的，我们看到的只是其中的一个侧面，这个侧面让人痛苦，但痛苦却往往可以转化。有一个成语叫做"蚌病成珠"，这是对生活最贴切的比喻。蚌因身体上嵌入砂粒，伤口的刺激使它不断分泌物质来疗伤，到了伤口复合时，旧伤处就出现一颗晶莹的珍珠。哪粒珍珠不正是由痛苦孕育而成的吗？任何不幸、失败与损失，都有可能成为对我们有利的因素。

生活也真的很公平，它可以将一个人的志气磨尽，也能让一个人出类拔萃，就看你是怎样一个人。

二、顺其自然：追求一种坦然与和谐的生存状态

有与无

有位在家居士问智藏禅师："请问师父，有没有天堂和地狱？"
"有啊！"
"请问有没有佛和菩萨？"
"有啊！"
"请问有没有因果报应？"
"有啊！"
不管你问什么，智藏禅师都答："有啊！有啊！"
这位居士听后，怀疑起来，就说："师父，您说错了。"
"我怎么说错了呢？"
"我问径山禅师，他都说'无'。"
"怎么说的'无'？"
"我问他有没有因果报应，他说无；再问他有没有佛和菩萨，他说无；我问他有没有天堂和地狱，他说无。可是你为什么却说有呢？"
智藏禅师想了想说："哦！原来如此，我问你，你有老婆吗？"
"有。"
"你有儿女吗？"
"有。"
"你有金银财宝吗？"
"有。"
"径山禅师有老婆吗？"
"没有。"
"径山禅师有儿女吗？"

"没有。"

"径山禅师有金银财宝吗？"

"没有。"

"所以径山禅师对你说'无'，我跟你说'有'，因为你有老婆儿女啊！"

所谓的"幸福"和"命运"到底如何，完全取决于个人的想法和心态，你怎么看，都可能成为事实。

怎么爬出来比如何跌进去更重要

格里·克洛纳里斯在北卡罗来纳州夏洛特当货物经纪人。在他给西尔公司做采购员时，他发现自己犯下了一个很大的错误。有一条对零售采购商至关重要的规则是不可以超支你所开账户上的存款数额。如果你的账户上不再有钱，你就不能购进新的商品，直到你重新把账户填满——而这通常要等到下一次采购季节。

那次正常的采购完毕之后，一位日本商贩向格里展示了一款极其漂亮的新式手提包。可这时格里的账户已经告急。他知道他应该在早些时候就备下一笔应急款，好抓住这种叫人始料未及的机会。此时他知道自己只有两种选择：要么放弃这笔交易，而这笔交易对西尔公司来说肯定会有利可图；要么向公司主管承认自己所犯的错误，并请求追加拨款。正当格里坐在办公室里冥思苦想时，公司主管碰巧顺路来访。格里当即对他说："我遇到麻烦了，我犯了个大错。"他接着解释了所发生的一切。

尽管公司主管不是个喜欢大手大脚花钱的人，但他深为格里的坦诚所感动，很快设法给格里拨来所需款项。手提包一上市，果然深受顾客

二、顺其自然：追求一种坦然与和谐的生存状态

欢迎，卖得十分火爆，而格里也从超支账户存款一事汲取了教训。并且更为重要的是，他意识到这样一点：当你一旦发现自己陷入了事业上的某种误区，怎样爬出来肯定比如何跌进去更加重要。

当你不小心犯了某种大的错误，最好的办法是坦率地承认和检讨，并尽可能快地对事情进行补救。只要处理得当，你甚至可以立于不败之地。

法国思想家、文学家卢梭在50多岁时写了自传《忏悔录》。在这部自传中，他没有美化自己，他以极其坦诚的态度，讲述了自己的种种恶行与隐私。他是这样说的："请您把那无数众生叫到我跟前来！让他们听听我的忏悔，让他们为我的种种堕落而叹息，让他们为我的种种恶行而羞愧。然后让他们每一个人在您的宝座前面，同样真诚地披露自己的心灵，看看有谁敢于对您说：'我比这个人好。'"

是的，我们并非圣人，由于社会污浊的浸染，我们的心灵难免产生渣滓。问题在于我们要正视它，不要让它在心中安然存在。而对于阴暗东西的根除，最有效的办法就是让它暴露在太阳底下。这需要勇气，需要自己对自己的高要求。要知道，这样做最终并不会损坏你的形象，只会提升你的自信，升华你的人格。"渣滓净化，明月自来照人"。卢梭没有因对自己心灵的解剖和赤裸裸的袒露而觉得无地自容，他忏悔了，他的心灵净化了，他认为自己是世界上最纯洁的人。

一些人之所以犯了错误还能赢得别人的尊重和信赖，是因为他们在犯错误之后没有选择掩饰和逃避，而是选择了坦然地承认错误，真正做到了诚实无欺。

顺应自然

世界建筑大师格罗培斯设计的迪斯尼乐园马上就要对外开放了，然而各景点之间的路该怎样连接还没有具体方案。格罗培斯心里十分焦躁。巴黎的庆典一结束，他就让司机驾车带他去地中海海滨。

汽车在法国南部的乡间公路上奔驰，这里漫山遍野到处都是当地农民的葡萄园。当他们的车子拐入一个小山谷时，发现那儿停着许多车子。原来这是一个无人葡萄园，你只要在路边的箱子里投入 5 法郎就可以摘一篮葡萄上路。据说这是当地一位老太太的葡萄园，她因无力料理而想出这个办法。谁知在这绵延上百里的葡萄产区，总是她的葡萄最先卖完。这种给人自由，任其选择的做法使大师深受启发。

回到住地，他给施工部拍了份电报：撒上草种，提前开放。

在迪斯尼乐园提前开放的半年里，草地被踩出许多小道，这些踩出的小道有宽有窄，优雅自然。第二年，格罗培斯让人按这些踩出的痕迹铺设了人行道。1971 年在伦敦国际园林建筑艺术研讨会上，迪斯尼乐园的路径设计被评为世界最佳设计。

在这个世界上，不知道该怎么办的时候，选择顺其自然，也许是最佳选择。同样地，人在生活无所适从的时候，选择顺其本性，也许不失为聪明之举。

放弃奢华

卡文迪许出身贵族，拥有"爵士"封号，还拥有大笔存款，是英格兰银行的最大客户。但他终生不娶，不理衣着，全心致力于科学研究，无暇顾及生活琐事。他的衣服大多是旧式的，满是褶皱，扣子掉了也不管。

一次，他到皇家学会去，顺便穿了一件在实验室工作时被硫酸烧坏了的破大衣，以致被认为是个流浪汉，门卫说什么也不肯让他进去，待他通报了姓名，得到许多人的认可后，才放他进去。

二、顺其自然：追求一种坦然与和谐的生存状态

平时，他吃得也很简单，就是偶尔请科学家吃饭，一般也只是一条羊腿。仆人笑着提醒他，一只羊腿不够5个人吃，他才改口说："那就准备两只吧！"

人们问他："你那么有钱，为什么又那么'寒酸'呢？"

他自信而无愧地说："我认为科学家的时间应当最少地用在生活上，而应当最多地用在科学上。"

著名物理学家彼埃尔·居里说过："我们不得不饮食、睡眠、游戏、恋爱，也就是说，我们不得不接触生活中最甜蜜的事情；不过我们必须不屈服于这些事情，在做这些事情的时候，我们仍须保持我们一心从事的一些思索，使它们仍然居优越地位，使它们在我们的可怜头脑中继续冷静地进行。"

放弃生活中的奢华，追求更高的目标才能拥有更好的生活，也才能在人生中赢得更大的超越。

活得粗糙点儿

休息了两天，星期一上班，却见同事无精打采，一脸疲倦，我问她这两天忙什么了，她说："整理房间，清理柜橱，大清扫、洗衣服、被褥、床单、窗帘，擦门窗、桌柜、地板，两天没闲着，比上班还忙。"我以前去过她家，特别干净，名副其实的一尘不染，可以和星级酒店媲美。

就像广告上说的，能够有一个五星级的家当然是好，可是要看看付出的代价是不是太大。有的人为了装饰一个值得自豪的家，省吃俭用，置办高档家什，有了够星级的家，又得打扫除尘，天天忙个不停，这并不是一件合算的事。记得有一位名人说过：并非所有的事情都值得全心

全意做。从这个意义上说：人，不如活得粗糙一点儿。家是休息的地方，相对舒适整洁一些就可以了。

世界太大了，想做的事太多了，可是人生太有限了，能做得过来吗？许多人在许多事情上把自己弄得精疲力尽，等到了真该做点什么的时候已经力不从心了。人说难得糊涂，其实是在细枝末节的事上粗糙点，留着精力、留着体力去做真正有意义有价值的事，那才活得更有价值。

随爱"远行"

姜术是一位医生，在北京一家很有名望的医院工作。丈夫张仪是一家工程公司的老总，每天忙得不可开交，马不停蹄地在各地跑来跑去，两人见面的时间很少。只是偶尔在周末才聚一聚。

一次，姜术和张仪偶然间在医院的急诊室相遇了。张仪向妻子解释说："我带一个女孩来看病，她是我单位的员工，由于工作劳累过度晕倒了。"姜术看了那女孩一眼，女孩看上去比张仪小很多，脸上带着点野性。姜术心里有一种说不出来的感受。

她便偷偷地到丈夫工作的公司去打探。大家都说从来没有见过像她所描述的这样一个女孩。

姜术听后，立即像失去重心一样。回来后，她给丈夫打了电话，说她已出差在外地，要一个月后才回去。

接着她便到丈夫的公司附近蹲守。

蹲守的结果是证明了那女孩已与张仪同居很久。怎么办？是离婚还是抗争？姜术陷入了极度痛苦的深渊。那个晚上，她坐公共汽车回家。

车开得很慢，司机好像很懂姜术的心情。车上只有三个乘客，另外

二、顺其自然：追求一种坦然与和谐的生存状态

两个乘客在给亲人打电话，脸上洋溢着幸福的表情。姜术痛苦地闭上眼睛，回想起摊放在桌上半年多的《离婚协议书》。

突然有人叫她，是那位司机在跟她说话："妹妹，你有心事。"姜术没有回答。"我一猜您就是为了婚姻。"姜术的脸色微微地有点冷暗。可司机却当没看见一样继续说："我也离过婚。"

姜术眼睛微微一亮，便竖着耳朵听。

"我和我的妻子离婚了。"姜术的心不由紧了一下。"她上个月已经同那个男人结婚了，他比她大4岁，做翻译工作，结过婚，但没孩子。听说，他前妻是得病死的。他性格挺好的，什么事都顺着我前妻，不像我性子又急又犟，他们在一块儿挺合适的。"

姜术觉得这个司机很不寻常。

"妹妹，现在社会开放了，离婚不是什么丢人的事，你不要觉得在亲友当中抬不起头。我可以告诉你，我的妻子不是那种胡来的人，她和那个男人在大学里相爱四年，后来那个男人去了国外，两人才分手。那个男人在国外结了婚，后来妻子死了，他一个人在国外很孤独，就回来了。他们在同学聚会上见了面，这一见就分不开了。我开始也恨，恨得咬牙切齿。可看到他们战战兢兢、如履薄冰地爱着，我心软了，就放他们一条生路……"

姜术的眼睛有些湿润了，她想起丈夫写给她的那封信：

我没有想到会在茫茫人海中与她邂逅。在你面前，我不想隐瞒她是一个比我小很多的女人。我是在1万米的高空遇见她的，当时她刚刚失恋。我们谈了几句话之后，她就坦诚地告诉我她是个不好的女孩，后来我知道她和我生活在同一座城市，我不知为什么，从那一天起，心里就放不下她。后来我们频频约会，后来我决定爱她，照顾她一生。因为她，我甚至想放弃一切……

车到家了，姜术慢慢地走上楼。第二天她很平静地在《离婚协议书》上签了字。

当你所面临的是这种婚外萌发的真情时，这种真爱就如生长在荆棘丛中的一株野花，在临近深秋时绽开。虽然它开得不是地方，不合时节，但它已在凉凉的秋风中颤栗地开放。你又何须一脚踏死？即使踏死你也将付出惨重的代价。不如退后一步，像一首歌中唱的那样，人生没有翻不过的山，没有趟不过的河，更没有过不去的坎。

因为在人生的旅途上，生活给了你伤痛、苦难，同时也给了你退路和出口。所以当你所爱的人为了另一个珍爱的人要执意离你"远行"时，你无需作伤痕累累的最后决斗，在适当的时候选择放手才是最明智的决定。

完美计划

吉姆性格内向，为人老实，他受过良好的教育，有一份安定的会计工作，一个人住在芝加哥，他最大的心愿就是早点结婚。他渴望爱情、友情、甜蜜的家庭、可爱的孩子以及种种相关的事，他有几次差点就要结婚了。有一次只差一天就结婚了，但是每一次临近婚期时，吉姆都会发现自己的爱情不够完美，而与女友分手。

两年前吉姆终于找到了梦寐以求的好女孩。她端庄大方，聪明漂亮又体贴。但是，吉姆还要证实这件事是否十全十美。有一个晚上当他们谈到婚姻大事时，新娘突然说了几句坦白的话，吉姆听了有点懊恼。

为了确定他是否已经找到理想的对象，吉姆绞尽脑汁写了一份长达4页的婚约，要女友签字同意以后才结婚。这份文件又整齐，又漂亮，看起来冠冕堂皇，内容包括他所能想象到的每一个生活细节。

他把他们未来的朋友、他太太的职业、将来住哪里以及收入如何分配等等，都不厌其烦地事先计划好了。在文件结尾又花了半页的篇幅列出女方必须戒除或必须养成的一些习惯，例如抽烟、喝酒、化妆、娱乐等等，准新娘看完这份最后通牒，勃然大怒，她不但把它退回，又附了一张便条，上面写道："普通的婚约上有'有福同享，有难同当'这一条，对任何人都适用，当然对我也适用，我们从此一刀两断！"

当吉姆先生收到被退回的婚约时，还委屈地说："你看，我只是写一份计划书而已，又有什么错？婚姻毕竟是终身大事，你不能不慎重行事啊！"

老实厚道的吉姆可真是大错特错，苛求自己的爱情必须完美。殊不知，没有人愿意接受别人界定给自己的条条框框，更没有人愿意为了别人的"完美印象"而拼命地压抑自己的真实感受。吉姆的女友终于被他的"完美计划"吓跑了，一场精心策划的"完美爱情"就这样泡汤了，愚蠢的、书呆子气十足、不识时务的吉姆现在除了抱怨自己的无能之外，实在不知道该如何是好。

道德与享乐

犹太人有一则关于道德与享乐之间的关系的寓言，其中以比喻的方式表达了他们的看法。

有一艘船在航行途中遇到了强烈的暴风雨，偏离了航向。到次日早晨，风平浪静了，人们才发现船的位置不对，同时，大家也发现前面不远处有一个美丽的岛屿。船便驶进海湾，抛下锚，作暂时的休息。从甲板上望去，岛上鲜花盛开，树上挂满了令人垂涎的果子，一大片美丽的绿荫，可以听见小鸟动听的歌声。于是，船上的旅客自然地分成了五组。

第一组旅客认为，如果自己上岛游玩时，正好出现顺风顺水，那就会错过起航的时机。所以不管岛上如何美丽好玩，他们坚持不登陆，守候在船上。

第二组的旅客急急忙忙地登上小岛，走马观花地闻闻花香，在绿荫下尝过了水果，恢复精神之后，便立刻回到船上来。

第三组旅客也登陆游玩，但由于停留的时间过长，在刚好顺风之时，以为船要开走而慌慌张张地赶回来，结果，有的丢了东西，有的失去了好不容易才占下的理想位置。

第四组的旅客虽然看到船员在起锚，但没看到船帆扬起，而且以为船长不可能扔下他们把船开走，所以，一直停留在岛上。直到船要起航之时，他们才心急慌忙地游到船边爬上船来。其中有些人为此受了伤，直到航行结束，也没有痊愈。

第五组旅客由于在岛上陶醉过度，没有听到启航的钟声，被留在了岛上。结果，有的被树林中的猛兽吞吃了，有的误食有毒的食物而生了病，最后全部死在岛上。

故事中的船，象征着人生旅途中的善行，岛则象征快乐，各组的旅客象征对善行和快乐持不同态度的世人。

第一组的人对人生的快乐一点儿不去体会；第二组的人既享受了少许快乐，又没有忘记自己必须坐船前往目的地的任务，这是最贤明的一组；第三组的人虽然享受了快乐并赶回了船上，但还是吃了些苦头；第四组也勉强赶回船上，但伤口到目的地还没有愈合；人类最容易陷入的境地还是第五组，往往一生为了虚荣而活着，忘记将来的事而不知不觉吃下有毒的甜蜜果实。

一定要把握住享乐的分寸。适度享乐而不忘追求善行的人才是最贤明的。

二、顺其自然：追求一种坦然与和谐的生存状态

提醒自己

一个老太太坐在马路边望着不远处的一堵墙，总觉得它马上就会倒塌，很危险。于是见有人向那里走过去，她就善意地提醒："那堵墙要倒了，远着点走吧。"被提醒的人不解地看着她，大模大样地顺着墙根走过去了——那堵墙没有倒。老太太很生气："怎么不听我的话呢?!"又有人走来，老太太又予以劝告。三天过去了，许多人在墙边走过去，没有遇上危险。第四天，老太太感到有些奇怪，又有些失望："它怎么就不倒呢？眼见着要倒啊！"她不由自主地走到墙根下仔细观看，然而就在此时，墙终于倒了，老太太被掩埋在灰尘砖石中，气绝身亡。

提醒别人时往往很容易，很清醒，但能做到时刻清醒地提醒自己却很难。所以说，许多危险来源于自身，老太太的悲哀便由此而生。

不当银行家的厨师

有一位中国的 MBA 留学生，在纽约华尔街附近的一间餐馆打工。一天，他雄心勃勃地对餐馆大厨说："你等着看吧，我总有一天会打进华尔街的。"

大厨好奇地问道："年轻人，你毕业后有什么打算呢？"

MBA 很流利地回答："我希望学业一完成，最好马上进入一流的跨国企业工作，不但收入丰厚，而且前途无量。"

大厨摇摇头："我不是问你的前途，我是问你将来的工作兴趣和人生兴趣。"

MBA 一时无语。显然他不懂大厨的意思。

大厨却长叹道:"如果经济继续低迷下去,餐馆不景气,那我就只好去做银行家了。"

MBA 惊得目瞪口呆,几乎疑心自己的耳朵出了毛病,眼前这个一身油烟味的厨子,怎么会跟银行家沾得上边呢?

大厨对 MBA 解释:"我以前就在华尔街的一家银行上班,天天披星戴月,早出晚归,没有半点自己的业余生活。我一直都很喜欢烹饪,家人朋友也都很赞赏我的厨艺。每次看到他们津津有味地品尝我烧的菜,我就高兴得心花怒放。有一天,我在写字楼里忙到凌晨一点钟,才结束了例行公务。当我啃着令人生厌的汉堡包充饥时,我下定决心要辞职,摆脱这种工作机器般的刻板生活,选择我热爱的烹饪为职业。现在,我生活得比以前要愉快百倍。

这样的事例,对于中国人来说是不可思议的。因为,中国人在选择职业时,第一看体面,第二看收入,两者兼得,就足以在人前人后风光炫耀了。成败荣辱,全都摆在面子上,而面子是要人捧的,无人喝彩,就如同锦衣夜行般无趣。可对于西方人来说,无论从事任何职业,都没有高低贵贱之分。他们更注重的,是对事业的兴趣,自我价值的实现,成功与否的体现,不必通过与别人比较来证实,更不需要别人的肯定来满足。

真实的属于自己的人生,是一种享受。一个完美的人生,不见得要赚很多的钱,也不见得要有很了不起的成就。在一份简朴平淡的生活中,活得快乐而自我,也是一种上乘的人生境界。

追逐欲望能带来满足,放下欲望却能得到一份心灵的滋润。如果一辈子不能真正为自己活一次,那是不是白活呢?

二、顺其自然：追求一种坦然与和谐的生存状态

保持开放的心

有一个富翁，为了教自己那个每天精神不振的孩子知福惜福，就送他到当地最贫穷的村落住了一个月。一个月后，孩子精神饱满地回家了，脸上并没有带着被"下放"的不悦，让富翁感到不可思议。

他想要知道孩子有何领悟，问儿子："怎样？现在你知道，不是每个人都能像我们过得这么好吧？"

儿子说："不，他们过的日子比我们还好。因为我们晚上只有电灯，而他们有满天星星。

"我们必须花钱才买得到食物，而他们吃的是自己土地上栽种的免费粮食。

"我们只有一个小花园，可是对他们来说山间到处都是花园。

"我们听到的都是城市里的噪音，他们听到的却是大自然演奏的美妙音乐。

"我们工作时精神紧绷，他们一边工作一边大声唱歌。

"我们要管理佣人、管理员工，有操不完的心，他们只要管好自己。

"我们要关在房子里吹冷气，他们却能在树下乘凉。

"我们担心有人来偷钱，他们没什么好担心。

"我们老是嫌饭菜口味不好，他们有东西吃就很开心。

"我们常常无缘无故失眠，他们每夜都睡得好安稳……

"所以，谢谢你，爸爸，你让我知道，我们其实也可以过得那么好。"

真正有价值的，是拥有一颗开放的心，有勇气从不同的角度衡量自己的生活。那样，你的生命就会不断更新，每一天都充满了惊喜。

享受生活

有一次，孔子和几个学生在一起谈心，他鼓励大家大胆地说出自己的真实志愿。

子路最为志大，说："一个有一千辆战车的国家，面临内忧外患，我去治理它，三年时间，就能使大家充满勇气，并且又很守规矩。"

冉有说："方圆六七十里或五六十里的小国家，我可以在三年内使人人富足，至于礼乐教化，那还要靠别人来帮忙。"

公西华说："我的本领还不够，但愿意不断学习，在祭祀和外交典礼上，我可以穿戴整齐地去做个小司仪。"

最后轮到曾点，他"铿"的一声停止了弹琴，站起来说："我认为最好的事是：暮春三月，穿着轻便的休闲装，和五六个朋友一起，带上六七个小孩，在溪水里洗洗澡，在舞雩台上吹吹风，然后一路唱歌，一路走回家。"

孔子听了，深有感触，长叹一声说："我的志愿是与曾点一样呀！"

没想到，孔子也是想要多一些休闲时光，好去郊游啊！

人的一生是丰富多彩的，有太多美好的事物值得我们去追寻和享受。除了工作、学习等本然的事情，可口的饭菜，温馨的家庭生活，蓝天白云，花红草绿，飞溅的瀑布，浩瀚的大海，雪山与草原，大自然的形形色色……都是值得去珍惜和享受的。

二、顺其自然：追求一种坦然与和谐的生存状态

无知者无忧

　　黄昏，马路尽头一辆自行车由远而近。骑车的男子在附近工厂打工，坐在后架上的妻子是一个智力不健全的女人，她不会照顾自己，只能寸步不离跟着男人，而那位高高在上的丈夫像呵护自己的孩子一样对她关心备至。每天傍晚他们都准时从这里经过，再停下来走进商店挑一些糖果或小孩子的玩意儿。今天她会看中什么呢？来到玻璃柜前，女人的眼睛盯住了一朵艳丽的线绸花。说真的，这种大红花只适合幼儿园的娃娃戴，倘若出现在大人头上实在俗不可耐，但是男人毫不犹豫地买下，细心地别在女人的发辫上。不少人围过来善意地议论，女人紧跟在男人背后，低头窃笑，那样子既像一个可爱的孩子，又如一位幸福羞涩的新娘。男人牵过女人的手在她耳边说了几句什么，扶着她坐上自行车后架，然后在众人的笑声中慢慢离去。

　　红尘多烦忧，这位疾苦女子却感受不到人世的纷争复杂，她的内心世界虽然混沌无知，却多了一份我们缺少的纯净透明，多了一份我们苦苦追寻的快乐满足。

给心灵放假

　　有一位考古学家，千里迢迢来到南美的丛林中，找寻古印加帝国文明的遗迹。

　　他雇用了一些当地的土著人作为向导及挑夫，一行人浩浩荡荡地朝着丛林的深处进发。

那些土著人的脚力确实过人，尽管他们背负笨重的行李和器材，仍是健步如飞。在整个队伍的行进过程中，总是考古学家先喊着需要休息，所有的土著人才只好停下来等候他。

考古学家虽然体力跟不上，但也希望能够早一点到达目的地，以偿平生宿愿，好好地研究一番古印加帝国文明的奥秘。

到了第四天，考古学家一早醒来，便立即催促着打点行李，准备上路。不料翻译却说，土著人拒绝行动，令考古学家恼怒不已。

经过详细地沟通，考古学家终于了解，这里的土著人自古以来，便流传着一项神秘的习俗——在赶路时，皆会竭尽所能地拼命向前冲，但每走上三天，便需要休息一天。

考古学家对这项习俗产生了强烈的好奇，通过翻译询问向导，为什么在他们的部族中，会留下这么耐人寻味的休息方式。向导很庄严地回答考古学家的问题，说道："那是为了让我们的灵魂，能够追得上我们赶了三天路的疲惫身体。"

考古学家听了向导的解释，心中若有所悟，沉思了许久，终于展颜微笑。他心中深深地认为，这是他这一趟考古旅行中，最有价值的一项收获。

我们总是感叹人生的短暂，于是经常看到人们匆匆地赶路。充斥着我们四周的现代世界，越来越像一部千螺万杆，轰轰作响的巨型钟表，而我们就像一个个元件被上紧了的发条般随着运转。但你可曾真切地感到过，其实在我们每个人的生命里，还有一个自由的自己，他真正地洞悉我们人生的来龙去脉，他真正地懂得我们心中的梦想和宿愿。他——就是我们的灵魂吧。日复一日，年复一年地匆匆赶路，好像也是为了一些目标，但千万别忘了经常分出些时间，让我们的灵魂跟上，让他引导我们的方向，让他重新勾勒我们真心的渴望，让他给我们的努力注入乐趣、意义和幸福。谁能协调好灵魂的步调，谁就能拥有自由而充实的人生。

二、顺其自然：追求一种坦然与和谐的生存状态

我们总是需要一点时间，把生活的重担暂且放下，让灵魂的脚步跟上。不管多忙，偶尔也该给你的心灵放放假。

构筑精神"战壕"

弗兰克是一位犹太裔心理学家，第二次世界大战期间，他被关押在纳粹集中营里受尽了折磨。父母、妻子和兄弟都死于纳粹之手，唯一的亲人是他的一个妹妹。当时，他本人常常遭受严刑拷打，死亡之门随时都有可能向他打开。

有一天，他在赤身独处囚室时，忽然悟出了一个道理：就客观环境而言，我受制于人，没有任何自由；可是，我的自我意识是独立的，我可以自由地决定外界刺激对自己的影响程度。

弗兰克发现，在外界刺激和自己的反应之间，他完全有选择如何作出反应的自由与能力。

于是，他靠着各种各样的记忆、想象与期盼不断地充实自己的生活和心灵。他学会了心理调控，不断磨炼自己的意志。他的自由的心灵早已超越了纳粹的禁锢。

这种精神状态感召了其他的囚犯。他协助狱友在苦难中找到了生命的意义，找回了自己的尊严。

弗兰克后来这样写道：

每个人都有自己的特殊的工作和使命，他人是无法取代的。生命只有一次，不可重复。所以，实现人生目标的机会也只有一次……归根到底，其实不是你询问生命的意义何在，而是生命正在向你提出质疑，它要求你回答：你存在的意义何在？你只有对自己的生命负责，才能理直气壮地回答这一问题。

在弗兰克生命中最痛苦、最危难的时刻，在弗兰克精神行将崩溃的临界点，他靠自己的顿悟，靠成功的心理调控，在自己内心深处构筑了一条防御能力极强的"战壕"，将那种最恶劣、最残酷的打击拒于身外、心外，不仅挽救了自己，而且挽救了许多患难与共的生命。

其实，在我们的精神活动领域，在我们的日常生活里，在我们的事业中，在我们渴望成功，甚至正在走向成功的道路上，都会出现大大小小不同程度的挫折和失败，我们应该像弗兰克那样，通过心理调控去战胜自我，战胜环境，使自己安然地度过危机。

人生不可能总是一帆风顺的，在遇到挫折和失败时，适当的心理调控使我们战胜一切挫折和失败。

选择好自己的对手

有一次，一只鼬鼠向狮子挑战，要同它决一雌雄。狮子果断地拒绝了。"怎么，"鼬鼠说，"你害怕吗？"

"非常害怕，"狮子说，"如果答应你，你就可以得到曾与狮子比武的殊荣；而我呢，以后所有的动物都会耻笑我竟和鼬鼠打架。"

你如果与一个不是同一重量级的人争执不休，就会浪费自己的很多资源，降低人们对你的期望，并无形中提升了对方的层面。同样地，一个人对琐事的兴趣越大，对大事的兴趣就会越小。

威廉·詹姆斯说过："明智的艺术就是清醒地知道该忽略什么的艺术。"不要被不重要的人和事过多打搅，因为成功的秘诀就是抓住目标不放，而不是把时间浪费在无谓的琐事上。

你是狮子，就要选择好你的对手，对于鼬鼠的挑战，你要懂得放弃。

二、顺其自然：追求一种坦然与和谐的生存状态

脱离容貌的阴影

美国北卡罗莱纳州的艾迪·奥瑞得太太讲述了她的一段亲身经历：

"当我还是小孩子的时候，就非常的敏感且害羞，那时我的体重远超过正常标准，加上圆圆的脸颊，使我看起来更显得胖拙。我的母亲是一位思想古板且保守的旧时代女性，她认为把自己打扮得漂漂亮亮，是一件非常愚蠢的事情。她经常告诉我，衣服要穿得宽松一点才像样，因此从小我的穿着就是宽宽大大的，毫无美感。我从来没有参加过派对，也没有自己的娱乐，当我在学校的时候，我从来不加入同学们的游戏中，更别提体育活动了。那时候我就觉得我的害羞几乎是一种病态，大家都用异样的眼光来看我，很显然，我已经不受大家欢迎了。长大成人之后，嫁给大我几岁的丈夫，但是结婚并没有改变我。我的婆家是一个大家族，在他们认为理所当然的事，我却没有经历过，为了能和他们打成一片，我尽力去改变我自己，想成为一个像他们一样的人。可是，我却无法达成心愿，每当他们想要帮助我脱离生活阴影时，却往往使我的内心更为紧缩。

"从此，我的性情变得非常地紧张与暴躁，不再和朋友接触，此后，我的情况愈来愈糟，甚至连听到门铃都会害怕，我自觉已无药可救了。但是，我又害怕我的丈夫知道我的隐痛，所以，每当我们一起出现在公共场合时，我刻意表现出我是多么的乐于与人相处，但是，很不幸得是，我却常常因为表现过度而适得其反。我的日子愈来愈难过，我的内心产生一种强烈的感觉，就是不想再在这个世界上多呆一分钟，自杀的念头也出现在我的脑海中。

"后来我突然开窍了。仅仅是被指点了一下，就改变了我的一生。

有一天婆婆和我谈到她教育孩子的方式，她对她的孩子说，不论遭遇什么事情都要'坚持自我'。'坚持自我'……它到底是什么？这个意念在我脑海中盘旋着，突然间我领悟到，这些年来，就是因为我一直在想成为一个不是自己的人，才使我陷入痛苦的深渊。第二天我就整个改变过来了，我开始有了自我的生活，我试着去了解自己的个性、去了解自己到底是一个怎样的人以及自己的优点。我绞尽脑汁在服装的配色与样式上把'自我'给穿出来，我伸出我的双手走向人群，我还加入了一个小规模的社团。当他们第一次安排我演出的时候，我在台上手脚不听使唤，内心慌乱得不知所措。但是，就从每一次的演出中，逐渐地磨炼出我的勇气，经过一段相当长的时间，我终于尝到了以前做梦也不敢想的快乐滋味。自从有了自己的孩子以后，我也经常将我亲身体验中获得的启示，用来教育他们。"

　　我们的世间是有缺漏的世间，有缺漏、不完美是世间的真相。人生有一点缺陷，可以激发我们向上向善的力量。不要因容貌而闷闷不乐，肌肤毛发原本是受之于父母的，我们无法选择，但是除此之外我们还有很多别的选择，这些对我们的人生更有意义！

杯子的故事

　　你手头有一个杯子需要卖出，它的成本是1元钱，怎么卖？

　　仅仅是卖一个杯子，也许最多只能卖2元；

　　如果你卖的是一种最流行款式的杯子，也许它可以卖到三四元；

　　如果它是一个出名的品牌的杯子，它说不定能卖到五六元；

　　如果这个杯子据说还有些其他的功能的话，它可能卖到七八元；

　　如果这个杯子外面再加上一套高级包装，卖一二十元也是可能的；

二、顺其自然：追求一种坦然与和谐的生存状态

如果这个杯子正好是某个名人用过，与某个历史事件联系了起来，一不小心，卖一二百元也有人要；

如果这个杯子有过一段更独特的经历，比如曾经随飞船上过太空之类，卖一二千元或许也不算高了。

同样一个杯子，杯子里面的世界，它的结构、内容、功能等等依然如故，但随着杯子外面的世界变化，它的价值却在不断地改变。

"功夫在诗外"，杯子外面的世界，永远会远远大于杯子里的世界。人之所以为人，一个重要的特点是他有想象、有思想，人的行为也总或多或少地融合了现实与想象。利用了外面的世界，杯子的价值才能被充分地挖掘出来。

自己愉快也能带给别人愉快的人

一个少年去拜访一位年长的和尚，人们都称他为智和尚。少年问："我如何才能变成一个自己愉快，也能够给别人愉快的人呢？"

智和尚笑着对他说："孩子，你有这样的愿望已经是很难得了。有很多比你年长的人，从他们问的问题本身就可以看出，不管怎样给他们解释，都不可能使他们真正明白其中的道理，就只好随他们去了。"

少年满怀虔诚地听着，脸上没有丝毫得意之色。

智和尚接着说："我送给你四句话。第一句话是：把自己当成别人。你能说说这句话的含义吗？"

少年回答说："您是不是说，在我感到忧伤的时候，就把自己当成是别人，这样痛苦就自然减轻了；当我欣喜若狂之时，把自己当成别人，那些狂喜也会变得平淡一些？"

智和尚微微点头，接着说："第二句话，把别人当成自己。"

少年沉思一会儿，说："这样就可以真正同情别人的不幸，理解别人的需求，而且在别人需要的时候给予帮助？"

智和尚两眼发光，继续说道："第三句话，把别人当成别人。"

少年说："这句话的意思是不是说，要充分地尊重每个人的独立性，任何情形下都不可侵犯他人的核心领地？"

智和尚哈哈大笑："阿弥陀佛，孺子可教也。第四句话是，把自己当成自己。这句话理解起来太难了，留着你以后慢慢地品味吧。"

少年说："这句话的含义，我一时体会不出。但这四句话之间有许多自相矛盾之处，我用什么才能把它们统一起来呢？"

智和尚说："很简单，用一生的时间和阅历。"

少年沉默了很久，然后叩首告别。

后来少年变成了壮年，又变成了老人。再后来在他离开这个世界很久以后，人人都还时时提起他。人们都说他是一位智者，因为他是一个愉快的人，而且也给每一个见到过他的人带来了快乐。

认识别人，被别人认识，认识自己，用一颗真诚的心将三者统一。把别人当成自己，把自己当成别人，关键在于认识自己，弄懂了这个道理，你就会拥有近乎完美的人格。

把生活当成一种艺术

有一次，英国游客杰克到美国观光，导游说西雅图有个很特殊的渔市场，在那里买鱼是一种享受。杰克和同行的朋友听了，都觉得好奇。

那天，天气不是很好，但杰克发现市场并非鱼腥味刺鼻，迎面而来的是渔贩们欢快的笑声。他们面带笑容，像合作无间的棒球队员，让冰冻的鱼像棒球一样，在空中飞来飞去，大家互相唱和："啊，5条鳍盆

二、顺其自然：追求一种坦然与和谐的生存状态

飞明尼苏达去了。""8只蜂蟹飞到堪萨斯。"这是多么和谐的生活，充满乐趣和欢笑。

杰克问当地的渔贩："你们在这种环境下工作，为什么会保持愉快的心情呢？"

渔贩说，事实上，几年前的这个渔市场本来也是一个没有生气的地方，大家整天抱怨，后来，大家认为与其整天抱怨沉重的工作，不如改变工作的状态。于是，他们不再抱怨生活的本身，而是把卖鱼当成一种艺术。再后来，一个创意接着一个创意，一串笑声接着另一串笑声，他们成为渔市场中的奇迹。

渔贩说，大伙练久了，人人身手不凡，可以和马戏团演员相媲美。这种工作的气氛还影响了附近的上班族，他们常到这儿来和渔贩用餐，感染他们乐于工作的好心情。有不少没有办法提升工作士气的主管还专程跑到这里来询问："为什么一整天在这个充满鱼腥味的地方做苦工，你们竟然还这么快乐？"他们已经习惯了给那些不顺心的人排疑解难，"实际上，并不是生活亏待了我们，而是我们期望太高以致忽略了生活本身。"

有时候，渔贩们还会邀请顾客参加接鱼游戏。即使怕鱼腥味的人，也很乐意在热情的掌声中一试再试，意犹未尽。每个愁眉不展的人进了这个渔市场，都会笑逐颜开地离开，手中还会提满了情不自禁买下的货，心里也会悟出一点道理来。

如果你不能改变生活方式，那你就试着去改变自己的生活态度。同样的一件事，你的眼光不同，它在你心目中的价值也就有所不同，把生活和工作当成一种艺术，你才能发现其中的乐趣。生活对待每一个人都是公平的，关键是你的心态。

凡人的禅心

有一位女施主，家境非常富裕，不论其财富、地位、能力、权力及漂亮的外表，都没有人能够比得上，但她却郁郁寡欢，连个谈心的人也没有。于是她就去请教无德禅师，如何才能具有魅力，以赢得别人的欢喜？

无德禅师告诉她道："你能随时随地和各种人合作，并具有和佛一样的慈悲胸怀，讲些禅话，听些禅音，做些禅事，用些禅心，那你就能成为有魅力的人。"

女施主听后，问道："禅话怎么讲呢？"

无德禅师道："禅话，就是说欢喜的话，说真实的话，说谦虚的话，说利人的话。"

女施主又问道："禅音怎么听呢？"

无德禅师道："禅音就是化一切声音为美妙的声音，把辱骂的声音转为慈悲的声音，把毁谤的声音转为帮助的声音，哭声闹声、粗鲁的声音、丑陋的声音，你都能不介意，那就是禅音了。"

女施主再问道："禅事怎么做呢？"

无德禅师道："禅事就是布施的事，慈善的事，服务的事。"

女施主更进一步问道："禅心是什么呢？"

无德禅师道："禅心就是你我一如的心，圣凡一致的心，包容一切的心，普度一切的心。"

女施主听后，一改从前的娇气，在人前不再夸耀自己的财富，不再自恃自己的美丽，对人总是谦恭有礼，对眷属尤能体恤关怀，不久就拥有了许多人的友谊。

二、顺其自然：追求一种坦然与和谐的生存状态

禅是一种道理，一种智慧，一种思维方式。现代这个快节奏的社会，更需要我们时常审视自己。

我很重要

第二次世界大战后，受经济危机的影响日本失业人数剧增，工厂效益也很不景气。一家濒临倒闭的食品公司为了起死回生，决定裁员三分之一。有三种人名列其中：一种是清洁工，一种是司机，一种是无任何技术的仓管人员，三种人加起来有30多名。经理找他们谈话，说明裁员的意图。清洁工说："我们很重要，如果没有我们打扫卫生，没有清洁优美、健康有序的工作环境，你们怎么会全身心地投入工作？"司机说："我们很重要，这么多产品没有司机怎能迅速销往市场？"仓管人员说："我们很重要，战争刚刚过去，许多人挣扎在饥饿线上，如果没有我们，产品岂不要被流浪街头的乞丐偷光？"经理觉得他们说的话都很有道理，权衡再三决定不裁员，重新制定了管理策略。最后经理令人在厂门口悬挂了一块大匾，上面写着："我很重要！"每当职工来上班，第一眼看到的是"我很重要"这四个字。

这句话调动了全体职工的积极性，几年后这家公司迅速崛起，成为日本有名的公司之一。

生命没有高低贵贱之分，任何时候都不要看轻自己，在关键时刻，你敢说"我很重要"吗？试着说出来，你的人生也将由此掀开新的一页。

山羊还是老虎

一个小和尚问枯木大师："师父，为什么人们常说'世界上最重要的事就是认识自己'呢？"

枯木大师回答道："因为一个人对自己的认识和人生的态度决定了他的前途。"看着小和尚似懂非懂的样子，他又讲了这样一个故事：

一只小老虎因母虎被杀而被一头山羊收养。几个月下来，小老虎喝母山羊的奶，跟小山羊玩，尽力去学做一只山羊。过了一阵子，事情一直不对劲，尽管这只老虎努力去学，它仍不能变成一只山羊。它的样子不像山羊，它的气味不像山羊，它无法发出山羊的声音。其他山羊开始怕它，因为它玩得太粗鲁，而且它的身体太大。这头孤儿老虎退缩了，它觉得被排斥，觉得自己不好，不知道自己错在哪里。

一天，传来一声巨响！山羊四散奔逃，只有小老虎坐在岩石上不动。

突然，一头庞大的野兽走进它所在的空地，身上的颜色是棕色，还有黑色条纹，它的眼睛炯炯如火。

"你在这羊群中做什么？"那个入侵者对小老虎说。

"我是一只山羊。"小老虎说。

"跟我来！"那头巨兽以一种权威的口吻说。

小老虎发抖地跟着巨兽走入丛林中。最后，它们来到一条大河边。巨兽低头喝水。

"过来喝水。"巨兽说。

小老虎也走到河边喝水，它在河中看到两头一样的动物，一头较小，一头庞大，但都有条纹。

"那是谁？"小老虎问。

"那是你——真正的你！"

"不，我是一只山羊！"小老虎抗议道。

突然，巨兽拱起身子来，发出一声巨吼，使整座丛林为之动摇不已，等声音停止后，一切都静悄悄的。

"现在，你也吼一下！"巨兽说。

最初很困难，小老虎张大嘴，但发出的声音像呜咽。

"再来！你可以办到！"巨兽说。

"现在，"那头大斑斓虎说，"你是一头老虎，不是一只山羊！"

小老虎开始了解它为何在跟山羊玩时感到不满意。接连三天，它在丛林中漫步。当它怀疑自己是老虎时，它会拱起身子来大吼一声，它的吼声虽不及那头大虎那么雄壮，但已够了！

你的态度决定了你的前途，你想着自己是什么样的人，你就会成为什么样的人。

先改造自己

日本保险业泰斗原一平在 27 岁时进入日本明治保险公司开始推销生涯。当时，他穷得连午饭都吃不起，并露宿公园。

有一天，他向一位老和尚推销保险，等他详细地说明之后，老和尚平静地说："听完你的介绍之后，丝毫引不起我投保的意愿。"

老和尚注视原一平良久，接着又说："人与人之间，像这样相对而坐的时候，一定要具备一种强烈吸引对方的魅力，如果你做不到这一点，将来就没什么前途可言了。"

原一平哑口无言，冷汗直流。

老和尚又说:"年轻人,先努力改造自己吧!"

"改造自己?"

"是的,要改造自己首先必须认识自己,你知不知道自己是一个什么样的人呢?"

老和尚又说:"你在替别人考虑保险之前,必须先考虑自己,认识自己。"

"考虑自己?认识自己?"

"是的!坦诚地面对自己,毫无保留地彻底反省,然后才能认识自己。"

从此,原一平开始努力认识自己,改善自己,大彻大悟,终于成为一代推销大师。

自己具有魅力,才能吸引对方。所以,和别人成功合作的基本前提是努力改造自己。

一匹马带来的烦恼

从前有座山,山上有个庙,庙里有个老和尚和一个小和尚。小和尚建议师父:"如果买一匹马,您就不用整天这么劳累奔波了,可以轻松很多。"

老和尚如愿以偿地买到了马匹,中午正想美美地睡个午觉。

突然,小和尚跑了进来,说道:"师父,我们忘了一件事,今晚马儿睡哪儿呀?我们应该给马儿建个马棚。"

老和尚想,徒儿的建议很有道理,很及时。

于是,老和尚决定,马上就给马儿建个马棚。

马棚终于建好了,老和尚累了一天,正想躺下好好休息一下,小和

二、顺其自然：追求一种坦然与和谐的生存状态

尚又跑到跟前，说道："师父，马棚虽然建好了，但是你整天忙于化缘，而我又要学禅，平时谁来养马呀！我们还少一个养马的。"

老和尚想，徒儿的建议有道理，很及时。

于是，老和尚决定聘请一个马倌。

第二天，老和尚刚睡醒，小和尚跑了进来，说道："师父，今天我又想起一件事，以前庙里就咱俩，饱一顿饿一顿的，很好打发。可现在，人变多了，我们应该再请一个厨师呀！"

老和尚想了一下，觉得小和尚的建议的确有道理，也很及时。

于是，老和尚决定，聘请了一个厨师兼保姆。吃完早饭，老和尚正准备外出讲经，小和尚跑到跟前，说道："师父，厨师已经请来了。不过，他说庙里没有厨房，让我们赶紧造一间，他还说，他年老力衰，又不会算账，让我们再请一个伙计，帮他买买菜，打个下手。"

突然间，老和尚悟出了什么，"以前的日子多简单、多轻松呀……"他对小和尚说，"这匹马只会让我觉得更累，赶快卖了它吧。"

生活中总是有很多的需要。但有些东西并不是我们真正需要的，辛苦地购置之后，才发现在实际的生活中并没有使用价值，反而还带来更多的负担，与其为其所累，倒不如果断地摆脱它。

只要适合自己就不糟糕

美国梭罗博物馆曾在互联网上搞了一次测试，题目是：你认为亨利·梭罗的一生很糟糕吗？最后，共有467432人参加了测试，结果是这样的：92.3%的人点击了"否"，5.6%的人点击了"是"，2.1%的人点击了"不清楚"。

这一结果大大出乎主办者的预料。大家都知道，梭罗毕业于哈佛大

学，他没有像他的其他同学那样，去经商发财或走向政界成为明星，而是选择了瓦尔登湖。他在那儿搭起小木屋，开荒种地，写作看书，过着原始而简朴的生活。他在世44年，没有女人爱他，没有出版商赏识他，直到他得肺病死去。

就是这样的一个人，世界上竟有那么多人认为他的生活并不糟糕。难道这些点击者的生活还不如当时的梭罗吗？显然不是，因为从点击者显示的国籍来看，他们大多来自西欧及北美。就算是这些地方的穷人，也远比当时的梭罗富裕，那么，是什么使他们羡慕起梭罗呢？

为了搞清原因，梭罗博物馆在网上首先访问了一位商人，商人回答说："我从小就喜欢印象派大师们的绘画，我的愿望就是做一名画家，可是为了挣钱，我却成了画商，现在我天天都有一种走错路的感觉。梭罗不一样，他喜爱大自然，就义无反顾地走向了大自然，他应该是幸福的。"

接着他们又访问了一位作家，作家说："我天生喜欢写作，现在成了作家，我非常满意；梭罗也是这样，所以他的生活不会太糟糕。"

后来他们又访问了其他一些人，比如，银行经理、饭店厨师以及牧师、学生和政府职员等，其中一个人是这样留言的："别说梭罗的生活，就是梵高的生活，也比我现在的生活值得羡慕，因为他们没有违背上帝的意旨，他们都活在自己该活的领域，做自己喜欢做的事，他们是自己真正的主宰。而我却为了过上某种更富裕的生活，在烦躁和不情愿中日复一日地忙碌。"

的确，一种生活，只要适合自己，只要有自己喜欢的内容，就是最好的生活，何必踏破铁鞋去寻找那些离你十万八千里的遥不可及的生活目标呢？

二、顺其自然：追求一种坦然与和谐的生存状态

孩子身上的尘埃

天热了，学校离海不远，校长把学生带到海边去玩。他自己站在水深处，规定学生以他为界，只准在水浅处玩。

小孩都乐疯了，连极胆小的也下了水，终于大家都玩得尽兴了，学生纷纷上岸。这时，发生了一件事，把校长吓得目瞪口呆。

原来，那些一二年级的小女孩上岸以后，觉得衣服湿了不舒服，便当众把衣裤脱了，在那里拧起水来。

校长第一个冲动便是想冲上前去喝止——但，好在凭着一个教育家的直觉，他等了几秒钟。这一等，太好了，他发现四下里其实并没有任何人在大惊小怪。高年级的同学也没有人投来异样的眼光，傻傻的小男生更不知道他们的女同学不够淑女，海滩上一片天真欢乐。小女孩做的事不曾骚扰任何人，她们很快拧干了衣服，重新穿上——像船过水无痕，什么麻烦都没有留下。

不难想象，如果当时校长一声吼骂，会给那个快乐的海滩之旅带来多么尴尬的阴影。那些小女孩会永远记得自己当众丢了丑，而大孩子便学会了鄙视别人的"无行"，并为自己的"有行"而沾沾自喜。

孩子是不必拭擦尘埃的，因为他们是大地，尘埃对他们而言是无妨无碍的，他们不必急着学会成人社会的琐碎小节。

一些所谓的是非观念，并不一定适合生活中的每一个人。对于天真无邪的孩子来讲，更没有可以限制他们的思想枷锁。在顺其自然的成长中，他们会形成独立的思想和人格，成人没有必要横加干涉。在这个多元化的社会里，每个人都有自己独特的个性按照自己喜欢的方式去生存。

61

半年人生

有5个青年结伴来到一座禅院，向禅师询问生命的意义。禅师对他们说："你们还有半年的生命了。在这半年里，我乞求佛祖保佑你们想得到什么，就能得到什么。"

第一个青年想："反正我只能活半年了，那我就吃遍天下的山珍海味吧。"于是，半年时间他几乎都是在饭店度过的。

第二个人连想都没想，就背起行囊，游遍天下名胜古迹。

第三个人一心想当官，果然当上了自己想要的官职。

第四个人则利用这半年的时间，写成了一部恢弘巨著。

第五个人一听说自己只有半年时间，他心灰意冷，昏昏沉沉地睡了6个月。

半年后，他们都没死，很生气。于是就结伴来找禅师算账。禅师则对他们说："命运还是得由自己来掌握，即使只能活半年，也应该活得精彩。如何活都是你们自己的选择。"

一分耕耘，一分收获。人生的好坏成败，关键在于自己如何定位和把握。

没时间老

佛光禅师门下的大弟子大智，出外参学30年后归来，正在法堂里向佛光禅师述说此次在外参学的种种经历，佛光禅师总以慰勉的笑容倾听着，最后大智问道："师父，这30年来，您老一个人还好？"

二、顺其自然：追求一种坦然与和谐的生存状态

佛光禅师道："我很好，每天在法海里泛游，讲学、说法、著作、写经，世上没有比这更欣悦的生活了。我每天忙得很快乐。"

大智关心地说道："师父，您应该多一些时间休息！"

夜深了，佛光禅师对大智说道："你休息吧，有话我们以后慢慢谈。"

清晨在睡梦中，大智隐隐中就听到佛光禅师的禅房传出阵阵诵经的木鱼声。

白天，佛光禅师总不厌其烦地对一批批来礼佛的信众开示，讲说佛法，一回禅堂不是拟定信徒的教材，便是批阅学僧的心得报告，每天总有忙不完的事。

好不容易看到佛光禅师刚与信徒谈话告一段落，大智忙过来抢着问佛光禅师道："师父，分别这 30 年来，您每天的生活仍然这么忙碌，怎么都不觉得您老呢？"

佛光禅师道："我没有时间老呀！"

"没有时间老"，这句话后来一直在大智的耳边回响。

世人，有的还很年轻，但心力衰退，年纪轻轻，但心已老；有的年寿已高，但心力旺盛，仍感到精神饱满，老当益壮。"没有时间老"，其实就是心中没有老的观念。等于孔子所说的："其为人也，发愤忘食，乐以忘忧，不知老之将至。"

这样的感觉

一行人去玩赛车。

头一次玩，除了兴奋，还不免惴惴。

玩赛车就是玩速度。胆大的，几圈过后，就"飞"起来了；胆小

的，任别人一再超过他，也不紧不慢。

回来的路上，一行人仍谈论着赛车。有一位说："啊！今天终于有了风驰电掣的感觉。"有一位说："我怎么老觉得不够快？"

众人一听都笑了。原来说"不够快"的，乃是一行人中速度最快的；而有了"风驰电掣的感觉"的，恰是其中最慢的那一位。

初听好笑，细想对极，一个因感觉"不够快"，才会越开越快；一个已感觉到"风驰电掣"了，当然不会再加速了。

人的经历千差万别，人的感觉也会相去甚远。感觉痛不欲生者，其实并不一定是世界上最痛苦的人；感觉春风得意者，不一定是最成功的人。

人生何妨随缘而定

一个和尚因为耐不住佛家的寂寞下山还俗去了。

不到一个月，因为耐不得尘世的口舌，又上山了。

不到一个月，又因不耐寂寞还俗去了。

如此三番，老僧就对他说："你干脆不必信佛，脱去袈裟；也不必认真去做俗人，就在庙宇和尘世之间的凉亭那里设一个去处，卖茶如何？"

这个还俗的人就讨了媳妇，支起一个茶店。日子过得红红火火。其实，人生中的前进与后退没有定式。

假如，生活无法让你继续前进或者连退路都难以走通，那你不妨随缘而定。

其实，人生有些事强求不来，实在做不到何不放弃，如果钻牛角尖不放，那么也就等同于放弃了在其他事情上成功的机会。

二、顺其自然：追求一种坦然与和谐的生存状态

水的形状

有一个人在社会上总是不得志，有人向他推荐了一位得道大师。

他找到大师。大师沉思良久，默然舀起一瓢水，问："这水是什么形状？"

这人摇头："水哪有什么形状？"

大师不答，只是把水倒入杯子，这人恍然："我知道了，水的形状像杯子。"

大师无语，又把杯子中的水倒入旁边的花瓶，这人悟然："我又知道了，水的形状像花瓶。"

大师摇头，轻轻提起花瓶，把水倒入一个盛满沙土的盆。清清的水便一下溶入沙土，不见了。这人陷入了沉默与思索。

大师低身抓起一把沙土，叹道："看，水就这么消失了，这也是一生！"

这个人对大师的话沉思良久，高兴地说："我知道了，您是通过水告诉我，社会处处像一个个不同的容器，人应该像水一样，盛进什么容器就是什么形状。而且，人还极可能在一个容器中消逝，就像这水一样，消逝得迅速、突然，而且一切无法改变！"

这人说完，眼睛紧盯着大师的眼睛，他现在急于得到大师的肯定。

"是这样。"大师捻须，转而又说，"又不是这样！"

说毕，大师出门，这人随后。在屋檐下，大师伏下身。用手在青石板的台阶上摸了一会儿，然后顿住。这人把手指伸向刚才大师手指所触之地，他感到有一个凹处。他迷惑，他不知道这本来平整的石阶上的"小窝"到底藏着什么玄机。

大师说："一到雨天，雨水就会从屋檐落下。你看，这个凹处就是水落下的结果。"

此人于是大悟："我明白了，人可能被装入规则的容器，但又可以像这小小的水滴，改变着这坚硬的青石板一样，直到破坏容器。"

为人处世要像水一样，能屈能伸：既要尽力适应环境，也要努力改变环境，实现自我。太坚硬的东西容易折断。惟有那些不只是坚硬，而更多有一些柔韧的弹性的人，才可以克服更多的困难，战胜更多的挫折。

进退的智慧

从前有个又穷又愚的人，在一夕之间突然暴富了起来。但是有了钱，他却不知道如何来处理这些钱。

他向一位和尚诉苦，这位和尚便开导他说："你一向贫穷，没有智慧，现在虽有了钱，可是依然没有智慧。你倘若遇到疑难的事，且不要急着处理，可先朝前走七步，然后再后退七步，这样进退三次，智慧便来了。"

"'智慧'就这么简单吗？"那人听了将信将疑。

当天夜里回家，他推门进屋，昏暗中发现妻子居然与人同眠，顿时怒起，拔出刀来便要砍下。这时，他忽然想起白天和尚讲的进退三次的智慧，心想：何不试试？

于是，他前进七步，后退七步，又前进七步，然后，点亮了灯光再看时，竟然发现那与妻子同眠者原来是自己的母亲。

人们往往在受到外界刺激时，容易头脑发热，怒火中烧，于是失去理智，意气用事，以致害人害己，将人生置于无可追悔的地步，而且大多数人认为荣辱不争、不斗,就是懦夫、胆小鬼、窝囊废,让人瞧不起。所以,普通人对侮辱的承受能力是很小的,很多人在受到侮辱时,不是反唇相讥,就是以命相拼,打个你死我活,只要挣回了面子就好,后果如何,很少有人去想。

把美丽种在心里

她是一个奇丑无比的女人。据说,她刚生下来时,连医生都骇得大叫起来。长大后,谁见了她都说她是这个世界上最丑的女人了。连亲戚都避着她,大人小孩没有一个愿意接近她的,更不要说去爱她了。

在她的记忆里,只有母亲一个人没有嫌弃过她,可是母亲在她15岁那年就得病死了。她一生唯一能做的事,就是整日躲在母亲开辟的那个不大的花园里摆弄那些花草。直到有一天,有人惊讶地发现,她的花园里开出了那么多漂亮的花朵,比电视上的那些名贵花卉还要漂亮许多。于是,有人要买她的花,她不卖,却慷慨地相赠。

一年又一年,不知她送出了多少美丽的花。渐渐地,她的花和她的人都有了知名度。

一天,邻居从报上得知省里要举办花卉大赛,而且奖金丰厚,便急着来告诉她,并说她的花参赛肯定能获大奖。她却固执地不肯参赛,有人再劝,她就一脸淡然道:"只要觉得我种的花美丽就足够了。"

能在心灵深处种植美丽的人,才会真正拥有内心的幸福。要知道,美丽不在于外表,而是内蕴使人更有魅力。

保持距离的智慧

　　柴可夫斯基和梅克夫人是一对相互爱慕而又几乎从来未见过面的恋人。梅克夫人是一位酷爱音乐的富孀。她在柴可夫斯基最孤独、最失落的时候，不仅给了他经济上的援助，而且在心灵上给了他极大的鼓励和安慰。她使柴可夫斯基在音乐殿堂里一步步走向顶峰。柴可夫斯基最著名的《第四交响曲》和《悲怆交响曲》都是为这位夫人所作。

　　他们从未见过面的原因并非他们两人相距遥远，相反他们的居住地仅一片草地之隔。他们之所以永不见面，是因为他们怕心中的那种朦胧的美和爱，在一见面后被某种太现实、太物质的东西所代替。

　　不过，不可避免的相见也发生过。那是一个夏天，柴可夫斯基和梅克夫人本来已安排好了他们的日程：一个外出，另一个决定留在家里。但是这一次，他们终于在计算上出了差错，两个人同时都出来了，他们的马车沿着大街渐渐靠近。当两驾马车相互错过的时候，柴可夫斯基无意中抬起头，看到了梅克夫人的眼睛。他们彼此凝视了好几秒钟，柴可夫斯基一言不发地欠了欠身子，梅克夫人也同样表示了一下，就命令马车夫继续赶路了。柴可夫斯基一回到家就写了一封信给梅克夫人："原谅我的粗心大意吧！维拉蕾托夫娜！我爱你胜过其他任何一个人，我珍惜你胜过世界上所有的东西。"

　　在他们的一生中，这是他们最亲密的一次接触。

　　爱的浓度取决于交往的层次和质量，而不在于两个人相聚的日子有多久。真正的爱，是心灵的感悟和情感的升华，聪明的人，会把爱和欢乐放在和理性等距离的位置上，让它在点点滴滴的浸润中升华成一个完美而永恒的故事。

三、选择快乐：

笑中度过每一天

> 谁都希望过得快乐，但并非谁都知道快乐是可以选择的。生活中总有这样那样的不如意，是哭着过还是笑着活，不在于这些不如意的事情，而在于你如何面对它。

生活调味剂

假如生活这道菜还需要些调味剂，那么第一种要加进去的是幽默，第二种也是幽默，第三种还是幽默……

"幽默是生活送给乐观者的礼物"，这话是很有道理的。幽默的谈吐是建立在说话者思想健康、情趣高尚的基础之上的。如果它对人提出善意的批评和规劝，必然要求批评者有较高的思想境界和较高的涵养。一个心地狭窄、道德败坏的人是不会有幽默感的。幽默者品德要高尚，要心宽气朗，对人充满热情。成功者之所以成功，很大一方面要归功于他们在与人讲话、谈心时，言谈话语间时常流露出幽默感，使人感到分外热情、亲切。也是这种乐观的精神，高尚的情绪拉近了与人的距离，帮助自己的生活和事业走上更加一帆风顺的道路。

在美国曾有这么一件令人称道的事：

美国哲学家乔治·桑塔亚那选定在某天结束他在哈佛大学的教授生涯。是日，他在哈佛大礼堂讲最后一课的时候，一只美丽的知更鸟停在窗台上，不停地欢叫着。桑塔亚那出神地打量着小鸟。许久，他转向听众，轻轻地说："对不起，诸位，失陪了，我与春天有个约会。"讲毕，迈着轻快的步子走了出去。

这句美好的结束语充满了诗意，颇具幽默感。可以肯定地说，不热爱生活的人，无论如何也说不出这种诗一般的语言。

恩格斯曾经说过："幽默是表明工人对自己的事业具有信心并且表示自己占有优势的标志。"

有乐观的信念，才能对于一些不尽如人意的事也可泰然处之。

有一次，林肯在森林里遇到一个老妇人，她对林肯说："你是我见

三、选择快乐：笑中度过每一天

到过的最丑的一个人。"

林肯回答她说："请多包涵，我是身不由己。"

老妇人笑了，说："我倒不以为然，你应当呆在家里不出门啊！"

这个故事，是林肯亲口给人们讲的。林肯的这番趣谈，使听众笑得前仰后合，又使人们觉得他是多么坚强，多么自信啊！他敢于面对现实，敢于嘲笑自己，是一个心地诚实的人。幽默能够经受住历史长河的考验，这绝不是偶然的。

说话幽默是一个人生活态度的反映，是对自身力量充满自信的表现。一个人只有对自己的前景充满希望，他才能发出由衷的笑声，即使暂时处于逆境，他们仍对生活充满信心，在生活中发掘幽默，用快乐来熨平生活留下的伤痕。而对于整天皱着眉头的人来说，生活充满了痛苦、绝望，快乐不过是幻觉，像这样的人，他们的谈吐还有什么幽默可言呢？

德国伟大的诗人、思想家海涅是一个无神论者，他在临终告别人世时的最后一句话是："上帝会不会忘记我——那是他自己的事。"

美国能言善辩的演说家亨利·瓦尔德比彻临终前说出了他一生中最后一句幽默的话语："现在，神秘奥妙的世界降临了。"

无论是海涅还是亨利·瓦尔德比彻都是乐观者，这里都看不到对于死的悲哀，看到的是对人生的哲学思考。他们的幽默感一直持续到生命的最后一息。他们人格的魅力，睿智的思想，洒脱的态度都会停留在人们心底，散发着永世不败的动人馨香。这些，都应是我们这些普通人所要去体味和学习的。也许，终有一天，这种力量会帮助我们快步地走向伟大。

主动给人以爱

从前有个国王，非常疼爱他的儿子。这位年轻王子，没有一件欲望和要求不能得到满足。因为他父王的钟爱与权力，可以使他得到一切他所希望的东西，然而他仍常常眉头紧锁，面容戚戚。

有一天，一个大魔术家走进王宫，对国王说，他有方法使王子快乐，能把王子的戚容变成笑容。国王很高兴地说："假使能办到这件事，则你要求任何赏赐，我都可以答应。"

魔术家将王子领入一间私室中，用了白色的东西，在一张纸上涂了些笔画。他把那张纸交给王子，让王子走入一间暗室，然后燃起蜡烛，注视着纸上呈现些什么。说完，魔术家就走了。

这位年轻的王子遵命而行。在烛光的映照下，他看见那些白色的字迹化作美丽的绿色，而变成这样的几个字："每天为别人做一件善事！"王子遵照了魔术家的劝告，并很快就成了国土中最快乐的一个少年。

爱人者，人恒爱之。对生活充满感恩，友好地对待他人，多替别人做善事，你的人生必定是幸福的。

积极地选择正面

杰瑞是个不同寻常的人。他的心情总是很好，而且对事物总是有正面的看法。

当有人问他近况如何时，他会答："我快乐无比。"

他是个饭店经理，却是个独特的经理。因为他换过几个饭店，而有

三、选择快乐：笑中度过每一天

几个饭店侍应生总跟着他跳槽。他天生就是个鼓舞者。

如果哪个雇员心情不好，杰瑞就会告诉他怎么去看事物的正面。

这样的生活态度实在让人好奇，终于有一天有人对杰瑞说，这很难办到！一个人不可能总是看事情的光明面。"你是怎么做到的？"有人问道。

杰瑞答道："每天早上我一醒来就对自己说，杰瑞，你今天有两种选择，你可以选择心情愉快，也可以选择心情不好。我选择心情愉快。

"每次有坏事发生时，我可以选择成为一个受害者，也可以选择从中学些东西。我选择从中学习。

"每次有人跑到我面前诉苦或抱怨，我可以选择接受他们的抱怨，也可以选择指出事情的正面。我选择后者。"

"是！对！可是没有那么容易吧。"听者立刻声明。"就是有那么容易。"杰瑞答道，"人生就是选择。当你把无聊的东西都剔除后，每一种处境就是面临一个选择。你选择如何去面对各种处境，你选择别人的态度如何影响你的情绪，你选择心情舒畅还是糟糕透顶。归根结底，你自己选择如何面对人生？"

几年后，听说杰瑞出事了：有一天早上，他忘记了关后门，被三个持枪的强盗拦住了。强盗对他开了枪。幸运的是，杰瑞被较早发现，送进了急诊室。经过18个小时的抢救和几个星期的精心照料，杰瑞出院了，只是仍有小部分弹片留在他的体内。

事情发生后6个月，一个朋友见到了杰瑞，问他近况如何，他答道："我快乐无比。想不想看看我的伤疤？"

朋友趋身去看了他的伤疤，又问他当强盗来时，他想些什么。

"第一件在我脑海中浮现的事是，我应该关后门。"杰瑞答道，"当我躺在地上时，我对自己说有两个选择：一是死，一是活。我选择了活。"

"你不害怕吗？你有没有失去知觉？"朋友问道。

杰瑞说："医护人员都很好。他们不断告诉我，我会好的。但当他们把我推进急诊室后，我看到他们脸上的表情，从他们的眼中，我读到了'他是个死人'。我知道我需要采取一些行动了。"

"你采取了什么行动？"朋友赶紧问。

"有个身强力壮的护士大声问我问题，她问我有没有对什么东西过敏。我马上答，有的。这时，所有的医生、护士都停下来等着我说下去。我深深地吸了一口气，然后大声吼道：'子弹！'在一片大笑声中，我又说道：我选择活下来，请把我当活人来医，而不是死人。"

杰瑞活了下来，一方面要感谢医术高明的医生，另一方面得感谢他那惊人的生活态度。

任何一件事情发生后，都会有两种"选择"供你选择，"快乐无比"的杰瑞总是积极地选择正面，我们有什么理由去选择反面而和自己过不去呢？

把自己放在好心情中

江南的初春时常会有一段时间总是阴雨天气，很冷，潮乎乎的。这种天气通常都会让人觉得沮丧，提不起兴趣来。

但是，有一天早上，天气突然变晴了。阳光灿烂，虽然还有一些湿润的感觉，但空气很清新，而且很暖和。你简直无法想象还会有另一个比那天更好的天气了。

悦净大师喜欢这样的天气，觉得它总是让人产生各种各样的遐想，而且会让人对生命充满信心，窗外的景色尤其美丽。

站在阳光明媚的街道上，悦净大师静静地看着来来往往的人群，心

情平静，但还是有一丝不易察觉的快乐在心底洋溢。

这时，一个50岁左右的男人从远处走过来，臂弯里放着皱皱的雨衣。当这个男人走近的时候，悦净大师快乐地对他说："阿弥陀佛！今天天气很不错，对吗？"

然而，这个男人的回答却出乎了悦净大师的意料，他几乎是极为厌恶地对悦净大师说："是的，天气是不错。但是在这样的天气里，你简直不知道该穿什么衣服才合适！"

悦净大师不知道该如何回答他，只是看着他很快地离开了。

晴朗的天空下就是好好享受阳光的时刻。把自己时刻都处在好心情里面，不要总是强迫自己去想那些烦闷的事情，你就会拥有快乐的生活。

一笑了之

阿根廷著名的高尔夫球手罗伯特·德·温森多有一次赢得一场锦标赛。领到支票后，他微笑着从记者的重围中出来，到停车场准备回俱乐部。这时候一个年轻的女子向他走来。她向温森多表示祝贺后又说她可怜的孩子病得很重——也许会死掉——而她却不知如何才能支付昂贵的医药费和住院费。

温森多被她的讲述深深打动了。他二话没说，掏出笔在刚赢得的支票上飞快地签了名，然后塞给那个女子。

"这是这次比赛的奖金。祝可怜的孩子好运。"他说道。

一个星期后，温森多正在一家俱乐部进午餐，一位职业高尔夫球联合会的官员走过来，问他一周前是不是遇到一位自称孩子病得很重的年轻女子。

"是停车场的孩子们告诉我的。"官员说。

温森多点了点头。

"哦,对你来说这是个坏消息,"官员说道,"那个女人是个骗子,她根本就没有什么病得很重的孩子。她甚至还没有结婚哩!温森多,你让人给骗了!我的朋友。"

"你是说根本就没有一个小孩子病得快死了?"

"是这样的,根本就没有。"官员答道。

温森多长吁了一口气。"太好了,又一个小孩脱离了生命危险。这真是我一个星期来听到的最好的消息。"温森多说。

珍惜生命,不管它是谁的,就像珍惜自己生命中所有的一切,所有美好的,不如意的,不管是什么,都是生命的一部分,都是来自活着的最好消息。

不为失去的马惋惜

乡村有一对清贫的老夫妇,有一天他们想把家中唯一值点钱的一匹马拉到市场上去换点更有用的东西。老头牵着马去赶集了,他先与人换得一头母牛,又用母牛去换了一只羊,再用羊换来一只肥鹅,又把鹅换了母鸡,最后用母鸡换了别人的一口袋烂苹果。

在每次交换中,他都想给老伴一个惊喜。

当他扛着大袋子来到一家小酒店歇息时,遇上两个英国人。闲聊中他谈了自己赶集的经过,两个英国人听后哈哈大笑,说他回去准得挨老婆子一顿揍。老头子坚称绝对不会,其中一个英国人就用一袋金币打赌,二人于是一起回到老头子家中。

老太婆见老头子回来了,非常高兴,她兴奋地听着老头子讲赶集的

经过。每听老头子讲到用一种东西换了另一种东西时,她都充满了对老头儿的钦佩。

她嘴里不时地说着:"哦,我们有牛奶了!"

"羊奶也同样好喝。"

"哦,鹅毛多漂亮!"

"哦,我们有鸡蛋吃了!"

最后听到老头子背回一袋已经开始腐烂的苹果时,她同样不愠不火,大声说:"我们今晚就可以吃到苹果馅饼了!"

结果,英国人输掉了一袋金币。

从这个故事中我们可以领悟到:不要为失去的一匹马而惋惜或埋怨生活,既然有一袋烂苹果,就做一些苹果馅饼好了,这样生活才能妙趣横生、和美幸福,而且,你才可能获得意外的收获。

还有一锭金子

有一个年轻人,他在参加工作之后,一直表现得非常出色。后来在一次重要的人事调动中,他本来有很大的希望晋级,结果却被安排到基层工作。

这个意外的结果,对他的心理打击很大。他认为这些年来的所有努力,都付诸东流了。因此在家里,他的脾气变得暴躁起来;在单位里,他则整日郁郁寡欢,感觉前途没有一点希望。偶尔,他也会为自己消极的心态而感到吃惊。

后来,他决定去拜访一位成功的长者,希望那位长者给他一些点拨。见到那位成功的长者之后,他把心中压抑已久的苦闷,统统地倾诉给了长者。

那位长者听完之后，竟然笑了起来，随后，问他："你是因为一次事业上的挫折，便断定前途无望了是吗？"

年轻人点了点头。

然后，长者便转开这个话题，给他讲了这样一个故事：

从前，有两个渔人经常结伴驾船出海捕鱼。后来，他俩在海上发现了一座奇怪的小岛，上面满是金灿灿的黄金。于是，他俩将小船靠近海岛。第一个渔人将船上的网具全部扔掉，随后，不停地往船上装金子，直到小船快被压沉了为止。

第二个渔人，也不停地往船上装金子。然而，装了一会儿之后，这个渔人发现了一个问题，因为小船的载重量有限，无法承载太多的金子。尽管他也是非常希望拥有更多的金子，但在此时，他克制住了自己的念头。他闭上眼睛，转过身去，迅速地将小船划离了海岛。

在返航的途中，他们遇上了罕见的台风。第一个渔人所驾的小船，因为严重超载，并且他也不舍得将那些金子往海里扔，结果很快就沉没了。

另一个渔人，则不停地将船上的金子往海里扔，以减轻船的载重量。当他手中还剩下最后一锭金子的时候，台风过去了，大海也恢复了先前的平静。他驾着小船安全返航。他没有舍弃网具，第二天仍可以出海捕鱼；他只带回来一锭金子，但是这一锭金子足可以使他家的生活变得富裕起来……

讲完这个故事之后，长者微笑着问那个年轻人："你希望自己是哪个渔人呢？"

年轻人毫不犹豫地回答："当然是第二个了。"

此时，长者赞许地说："你非常聪明啊！不要忘记，在适当的时候，应该闭上一只眼睛。因为你手中还有网具，还有一锭金子，明天的生活对你来说仍会是幸福的！"

年轻人恍然大悟，而后，释然地笑了起来。

尘世之中，展示在你面前的一切，似乎都在张着诱惑的大口，权力、名誉、金钱、身价……

其中，有很多人为这些身外之物而殚精竭虑，而不惜生离死别，甚至不惜丧失良知。

就像上面那位长者所讲的故事一样，贪婪的欲望，将使你的生命之舟超载，无法承受住人生风浪的考验。而一个生活的智者，应首先懂得"适度舍弃"这个道理。

生活中的"绳子"

一个后生从家里到一座禅院去，在路上他看到了一件有趣的事，他想以此去考考禅院里的老禅师。来到禅院，他与老禅师一边品茗，一边闲扯，冷不防地问了一句：

"什么是团团转？"

"皆因绳未断。"老禅师随口答道。

后生听到老禅师这样回答，顿时目瞪口呆。

老禅师见状，问道："什么使你如此惊讶？"

"不，老师父，我惊讶的是，你怎么知道的呢？"后生说，"我今天在来的路上，看到一头牛被绳子穿了鼻子，拴在树上，这头牛想离开这棵树，到草地上去吃草，谁知它转过来转过去都不得脱身。我以为师父既然没看见，肯定答不出来，哪知师父出口就答对了。"

老禅师微笑着说："你问的是事，我答的是理，你问的是牛被绳缚而不得解脱，我答的是心被俗务纠缠而不得超脱，一理通百事啊。"

后生大悟！

一只风筝，再怎么飞，也飞不上万里高空，是因为被绳牵住；一匹壮硕的马，再怎么烈，也被马鞍套上任由鞭抽，是因为被绳牵住。因为一根绳子，风筝失去了天空；因为一根绳子，骏马失去了驰骋。

所谓真正幸福的人生，就是要摆脱那些无形的绳子，名利、贪欲、嫉妒、褊狭都是绳。摆脱了这些，快乐幸福的生活也就在你的身边了。

心有阳光

某日，无德禅师正在院子里锄草，迎面走过来一位信徒向他施礼，说道："人们都说佛教能够解除人生的痛苦，但我信佛多年，却不觉得快乐，这是怎么回事呢？"

无德禅师放下锄头，安详地看着他反问道："你现在都忙些什么呢？"

信徒说："人总不能活得太平庸了吧，为了让门第显赫，家人风光，我日夜操劳心力交瘁。"

无德禅师笑道："怪不得你得不到快乐，原来你心里装满了苦闷和劳累，哪里还容得下快乐呢！"

信徒顿悟，大惭，叩谢而去。

我们生活中，也不乏信徒这样的人，他们往往错误地认为：一个人活得春风得意了，或者功成名就了，才算快乐。

快乐与否全取决于你有没有一种美丽的心境——生活也是因为你有一双快乐的眼睛才变得可爱的。

所以，平平淡淡的日子，我们应该时常提醒自己：心海是否阳光暖照？心路是否一片坦荡？

定期解开"包袱"

一位大师决定和几个弟子去塞外云游。当时,正逢该地区发生严重的旱灾。大师的行囊中,塞满了食具、切割工具、衣物、指南针、观星仪、中草药等。他认为这样就为旅行做好了万全之备。

一天,当地的一位土著向导检视完大师的背包之后,突然坦率地问了一句:"这些东西让你感到快乐吗?"

大师愣住了,这是他从未想过的问题。他开始问自己,结果发现,有些东西的确让他很快乐,但是,有些东西实在不值得他背着走那么远的路。

于是,大师决定取出一些不必要的东西送给当地村民。接下来,因为背包变轻了,他感到自己不再有束缚,旅行变得更愉快。

大师因此得到一个结论:生命里填塞的东西愈少,就越能发挥潜能。从此,大师学会在人生各个阶段中定期"解开包袱",随时寻找减轻负担的方法。

人的一生就如一次旅行,在这一路上总是有太多的东西让人难以割舍。但并不是每一件东西都对你很重要。这就需要你分清自己的真正所要。这些东西包括你的名誉、地位、财富、亲情、人际、健康、知识等等;另外,当然也包括了烦恼、忧闷、挫折、沮丧、压力等等。这些东西,有的早该丢弃而未丢弃,有的则是早该储存而未储存。你可以列出清单,决定背包里该装些什么才能帮你到达目的地。但是,记住,在每一次停泊时都要清理自己的口袋:什么该丢,什么该留,让自己活得更轻松、更自在。

从别人的快乐中体验快乐

美国金三角航空公司始终保持着一个令世人赞叹的纪录。那既不是他们精良的空中运输设备，也不是骄人的运输业绩，而是他们拥有世界上年龄最大、工作经验最丰富的空姐诺尔玛·韦布。

这位 79 岁高龄的空中乘务员，总是一副精力充沛的样子。在过道里忙来忙去，为每一位乘客送上温馨的服务。几十年来，身材娇小的韦布练就了一身空中乘务员应具备的硬功夫。她处事沉着冷静，即使在空中遭遇雷电的紧急情况下，她也能够神色坦然地教给乘客该如何应付内心的恐惧。

至今，韦布仍未打算为自己几十年的空姐生涯画上句号。因为她只要能够通过联邦航空局一年一度的应急测试，航空公司便无意强迫她退休。"我已经成了金三角航空公司的一小部分，"韦布说，"飞行是我的生命。"

她出生在休斯敦市，在家里排行最小。在很小的时候，她就经常坐在门前的阳台上，仰望着空中飘浮而过的云朵，幻想着："如果自己能够像云朵一样到处飞，去看看别的地方，该会多有趣呀！"后来，她考入得克萨斯大学读书。在读书期间，她仍不放弃自己儿时的梦想，努力去接触一些航空方面的知识，甚至她还从微薄的生活费里面节省出一部分钱来，去报名参加航空模拟训练。

24 岁的韦布终于实现了自己的梦想，成为一名空姐而飞上了蓝天。尽管刚开始时，每月的工资只有 125 美元，但她还是感觉当空姐是份挺不错的工作。韦布生活俭朴，直到 60 岁时，她才跟一名屠夫结婚，可是 7 年后丈夫却不幸去世。她虽然没有孩子，可她帮助过很多家境贫困

三、选择快乐：笑中度过每一天

的孩子。不久前，她得知一位邻居正在为女儿上护士学校的学费而焦急时，便毫不犹豫地拿出了4000美元。她曾说："钱是来来去去的身外之物，当你离开人世时，你能为自己的所作所为说什么呢？"

丈夫活着的时候，她曾想到过退休。但在丈夫去世之后，她想来想去，感觉自己最好的选择还是继续飞行下去。那些同事在评价她时说："她身上有着惊人的活力，她感染着我们每一个人！"有一些记者在采访她时问："尽管您已年近八旬，可为什么还保持着如此年轻的活力呢？"

她听后笑着回答说："因为我喜欢看到人们快乐。当你时时想到为别人送上一份祝福的时候，你就会从别人的快乐里感到另一份喜悦；而且正是这种喜悦的心情，使我始终保持着年轻的心态。现在，我觉得自己跟35岁没有什么区别。"

时时给别人送上一份祝福与关爱，从别人的快乐里去体验另一种快乐，这也是使生命变得更加年轻、更加丰厚的最佳处方之一。

丢掉坏脾气

从前，在一个水池里，住着一只坏脾气的乌龟。它跟两只经常来这里喝水的大雁成了好朋友。

后来，有一年天旱了，池水干涸，乌龟没办法，只好决定搬家。它想跟大雁一起去南方生活，但是它不会飞，于是两只雁儿用一根树枝，叫乌龟咬着中间，雁儿各执一端，吩咐乌龟不要说话，就动身高飞。它们飞过翠绿的田野，飞过蔚蓝的湖泊。地上的孩子们看见，觉得这个组合很有趣，拍手笑起来："你们看呀，那只乌龟好滑稽啊。"乌龟本来是洋洋得意的，听到这些嘲笑后大怒，就想开口责骂他们。可它忘了，这在哪？骂完后果又如何？结果，口一张开，就跌下来，碰着石头粉身碎骨、一命呜呼了。

雁儿叹气说："坏脾气多么不好啊！"

从医学角度来说，"坏脾气"的不同表现往往与身体可能会得的某些疾病有着密切联系，好激动、易发火可能会引发高血压，所以医学专家提醒大家，对自己或家人的"坏脾气"不能忽视，要学会调整自己的情绪，一味迁就可能会引发出更严重的疾病。那些竞争意识强、好胜、脾气急躁、易冲动、发火、人际关系紧张的人易患心脏病和糖尿病；好激动、易发火、好高骛远、心情压抑的人易患高血压……

都是我不好

曾经有一户人家在过年前自己准备糕点，忙了大半天总算大功告成，媳妇把它放在厨房的地上晾干。没想到先生回来，一不留神，一脚踩到了糕点。先生缩回沾满糕点的脚后，很难为情地对一脸惋惜的家人说："非常抱歉。我实在太不小心了！"

他的妹妹立即接腔，缓解尴尬的气氛，说："是我不好，刚刚我进来时也差点踩到，当时如果我把它移开就好了。"在旁的媳妇连忙说："哎呀！是我不对，糕点一做好，我应该拿去适当的地方晾干，就不会发生这种事了。"

这时婆婆也说话了："原本厨房的灯是开着的，我为了省电才关掉了，反而造成更大的损失。"没想到公公也开口揽下这个错误："不！不！不！我进出厨房好多次了，早该想到有人进来会踩到糕点才对，我应做一些防范就好了。"

一个人踩到糕点，全家人却都争先承认自己的疏忽，那种互相体

谅、彼此关怀的情意，好令人感动啊！至于糕点能不能吃，似乎已不那么重要了。如果先生一踩到就破口大骂："怎么搞的，是谁把东西放在这里的？"你想事情会如何收场？

人做了不好的事，总要受到批评吗？我们总要给人改错的机会，总要等人自己明白过来。你就不能多给别人一点机会吗？

种着梅花的陶罐

有个乡下人，大年初一一开门，就发现有人在大门口放了一个装骨灰的陶罐。这事儿干得够缺德的，大过年，乡下人最忌讳这个。这人一琢磨就知道了，这"好事"是邻村的仇人干的——其实也不是什么深仇大恨，也就是你拿了他的钉耙、鸡鸭不给，他挖了你的萝卜、青菜之类的小过节。

按说这事在村人眼中的确是犯了最大的忌讳——最快乐的时候硬添上最不快乐的色彩。骂是火力最低的，不过瘾的话还要打，因为村里人大多有着亲戚关系，所以这类事可能还会演变成两个村子的械斗。只是这么一来，骨灰怕是变成真的了。

那个乡下人没有声张，把陶罐拿到田里装了泥土，并种进一棵梅花。

第二年大年初一，花开了，他悄悄地把陶罐送回那仇人的门口。在这一天，仇人羞愧地来到这位乡下人家里赔礼道歉说："老兄，我输了。"

当别人无论怎样都无法激起你的怒气，无法煽起你的恶意，你也就具备了别人无法企及的人格，那就真的不是在一个层次上了，你真要比对方高出好多。

体会生命中的情趣

　　世上充满了有趣的事情，可是生活中的大多数人为了生活、为了工作，都竭尽全力忘乎所以地追逐自己的目标，却忽视了生命中的另一半——无数的乐趣。

　　生活也是一门艺术，生活要过得简单而不乏味，有情趣而不孤异，只有这样，你才能够领悟人生的真谛，感受生活的美好。

　　芝加哥的约瑟夫·沙巴士法官，他曾审理过4万件婚姻冲突的案子，并使2000对夫妇和好，他说："大部分的夫妇不和，根本是肇因于许多琐碎的事情。诸如，当丈夫离家上班的时候，太太向他挥手再见，可能就会使许多夫妇免于离婚。"

　　劳·布朗宁和伊丽莎白·巴瑞特·布朗宁的婚姻，可能是有史以来最美妙的了。他永远不会忙得忘记在一些小地方赞美她和照顾她，以保持爱的新鲜。他如此体贴地照顾他的残废的太太，结果有一次他的太太在给姊妹们的信中这样写道："现在我自然地开始觉得我或许真的是一位天使。"

　　简单的生活琐事，可能会给你带来不同的结果，就看你是不是掌握了生活的艺术。

　　真正懂得乐观地去生活的人，是因为他的生活富有情致，充满激情。

　　任何人都想过幸福且充满活力的人生。除了要保持愉悦的生活情绪外，时时接受新事物的挑战也显得格外重要。

　　年龄虽大但依然精力充沛的人，多半是不断接受挑战的人。努力对很多事物充满兴趣，寻找新的挑战，并且去体验一些新的发现，会帮助

三、选择快乐：笑中度过每一天

你打破乏味的生活方式。

这就像卡内基先生的一句话：

"只要生活有情趣，我们将不会老是踩在马路上的香蕉皮上。"

生命中，除了一些我们必须达到的目标以外，还有一些美好的风景也同样引人入胜。用心体会生命的情趣，我们会得到精神的慰藉和情感的升华，让我们以一种轻松愉悦的心情去追逐前方的目标；适时地接受生活中的新鲜事物，生活不再枯燥，旅途也不会特别劳累。

幸福就在你身边

丽莎两周来一直吃着不涂黄油的烤面包片，而且冒着严寒在公园各处慢跑，然后她爬上浴室的磅秤，指针依然停在锻炼前所指的数字上。她感到这跟她近来的所有遭遇一样给她以打击，她觉得自己是命中注定永远不会幸福的。

她在穿衣服时，对着紧绷绷的牛仔裤紧皱眉头，这时却在裤兜里发现20块钱。接着她姐姐打来电话说了件趣事。正当她急急忙忙向车子跑去，为还得加汽油而恼怒不已时，却发现室友已经替她加满了油箱。而丽莎仍然是一位自认为永远不会幸福的女人。

你也许不会说昨天是一个幸福的日子，因为你和同事发生了误会。但是难道就没有幸福的时刻、安详宁静的时刻？那么你想一想，有没有收到过老朋友的来信，或者，有没有陌生人问你这么漂亮的发式在哪做的？你记得过了一个不愉快的日子，但也不要忘记那美好的时刻也曾经降临过。

幸福就像一位和蔼可亲、带有异国情调的来串门的老朋友，他在你最料想不到的时刻来临，阔绰地请你喝酒，酒过一巡后翩然离去，留下一丝栀子的清香。你不可能命令他来临，只能在他出现时欣赏他。你也不可能强求幸福的到来，但当它降临时，你肯定能够感觉到。

当你带着满脑子的问题，走在回家的路上时，竭力留心太阳怎样把城市的窗户点着了"火"，倾听在渐暗的暮色里嬉戏的孩子们的喊叫声，你就会感到精神振奋，仅仅就因为你留心了。

幸福无处不在，关键在于你如何去发现，幸福是在擦拭百叶窗时聆听一曲咏叹调，或者是愉快地花一个小时整理壁橱。幸福是一家团聚，共进晚餐。它存在于现实，而不是未来的遥远期望。我们如果能钟情于正在经历的生活，就会感到更加幸运，并且会体验到更多的幸福。

幸福是要靠自己来把握和创造的，关键在于我们要有一颗善于感悟的心灵。不会欣赏每日的生活是我们最大的悲哀。其实我们不必费心地四处寻找或整日抱怨，关注和感谢我们所拥有的一切，你会发现，幸福就在我们的身边。

别为打翻的牛奶哭泣

艾伦经常会为很多事情发愁，他常常为自己犯过的错误自怨自艾：交完考试卷以后，常常会半夜里睡不着，咬着自己的指甲，怕自己没考及格；他老是在想着做过的那些事情，希望当初没有这样做；老是在想自己说过的那些话，希望自己当时把那些话说得更好。

有一天早上，艾伦和全班的同学都到了科学实验室。老师保罗·布兰德威尔博士把一瓶牛奶放在桌子边上。学生们都坐了下来，望着那瓶牛奶，不知道那跟这节生理卫生课有什么关系。然后，保罗·布兰德威尔博士突然站了起来，一掌把那瓶牛奶打碎在水槽里——一面大声叫道："不要为打翻的牛奶而哭泣。"

三、选择快乐：笑中度过每一天

突然老师叫所有的人都到水槽边去，好好地看看那瓶打碎的牛奶。"好好地看一看，"老师说，"因为我要你们这一辈子都记住这一课，这瓶牛奶已经没有了——你们可以看到它都漏光了，无论你怎么着急，怎么抱怨，都没有办法再救回一滴。只要先用一点思想，先加以预防，那瓶牛奶就可以保住。可是现在已经太迟了——我们现在所能做到的，只是把它忘掉。丢开这件事情，只注意下一件事。"

这次小小的表演，在艾伦忘了他所学到的几何和拉丁文以后很久都还让他记得。事实上，这件事在实际生活中所教给他的，比他在高中读了那么多年书所学到的任何东西都好。它说明了一个道理，只要可能的话，就不要打翻牛奶，万一牛奶打翻，整个漏光的时候，就要彻底把这件事情给忘掉。

失去的就已经永远地离开了，即便你悲伤也好，忧郁也好，它也不会再回来了，与其花时间和精力沉浸在往日的失去中，莫不如走出忧郁，高高兴兴地去面对未来，迎接每一个崭新的日子，因为有未来就有希望，错过了昨天，你还会收获今天和明天。

微笑着生活

一位年轻的喜剧演员慕名去拜访一位著名的喜剧大师。他虔诚地问："我如何才能够使自己的表演水平有更大的提高呢？"

那位大师听了之后，微笑着问："你会笑吗？如果你会笑，那你肯定没有问题。"

在这句听着似答非所问的话语里面，是否包含着一个深邃的人生哲理呢？笑对生活，是一种坦然、豁达和真诚的生活姿态。

有这样一个童话：

有一个小女孩，因为面容长得丑陋，她内心非常自卑，别人很少能够从她脸上见到笑容。幸福女神决定帮助这个小女孩，使她快乐起来。

于是，幸福女神就带她去参观两座玫瑰庄园。当她们走进第一座玫瑰庄园时，里面阳光明媚，鸟语花香，随处可以听到朗朗的笑声。在里面遇到的每一个人，都会热情地跟她们打招呼，并且送给她们一个真诚的微笑。之后，幸福女神就问小女孩道："你喜欢这里吗？"

小女孩点了点头说："喜欢呀，这里的人很热情很亲切，就像家里人一样。"

随后，幸福女神又带小女孩走进第二座玫瑰庄园。那里面死气沉沉的，天空阴郁，地上长满了蒿草，玫瑰花也开得无精打采，有好多都已凋零了。她们见到的每一个人，都面带忧郁和冷漠的神情，更没有一个人主动跟她们打招呼。

从第二座玫瑰庄园里出来之后，幸福女神又问小女孩道："现在比一比，你愿意生活在哪一座玫瑰庄园里呢？"

小女孩毫不犹豫地回答说："当然是在第一座玫瑰庄园里了。"

此时，幸福女神继续问她："为什么第一座庄园里的玫瑰花开得那么美丽，人们生活得那么快乐呢？"

小女孩想了一会儿，说："因为他们每个人脸上都挂着笑容。"

幸福女神拍了拍小女孩的头说："是啊，当你笑的时候，也就拥有了一座健康的玫瑰庄园。同时，你也就把自己的幸福分享给了身边每一个人，他们也会被你引入第一座玫瑰庄园。"

小女孩终于明白了幸福女神的用意。从此以后，她学会了笑对生活。别人都称赞她是一个快乐、善良、懂事的好女孩。

我喜欢这个美丽的童话，更喜欢现实中每一处涌动着笑声的地方。

在平时购物时，我总是喜欢去一家名叫维客的超市。这倒不是因为这家超市的货物比其他超市丰富很多；也不是因为这家超市的服务人员

比其他超市的服务员更出色,而是喜欢他们贴在置物架上的那些宣传牌:"录影中,请微笑!"

人生不就是一次特殊的录影吗?请记住,不要让生活的镜头缺少了你纯洁的微笑。纯洁是一种力量,因为它意味着一个人思想的诚实与行为的高尚。

摔碎的兰花盆

有位大师非常喜爱兰花,在平日读书健身之余,他花费了许多的时间栽种和欣赏兰花。

这年夏天,他要外出去旅游一段时间,临行前交代弟子:"徒儿,要好好帮我照顾这几盆珍贵的兰花。"

在这段期间,弟子总是细心照顾兰花。但有一天,弟子在给兰花浇水时,却不小心将兰花架碰倒了,所有的兰花盆都摔碎了,兰花散了满地。

弟子非常恐慌和难过,打算等大师回来后,向他道歉。"师父会怎么惩罚我呢?要知道兰花可是他最心爱的东西呀!"

大师回来了,很快知道了事情的经过。他不但没有责怪弟子,反而安慰他说:"我种兰花,一来是希望用来观赏消遣,美化环境;二是用来陶冶情操,不是为了生气而种兰花的。"

宽恕不仅能够给自己和他人都带来轻松的环境,同时也是通往自由和成功的关键。在生活中不妨豁达和洒脱些,这样,生活中将会减少很多烦恼和麻烦!

快乐长寿

英国的普利茅斯市有一对平凡的老年夫妇，两位老人正在用爱情延续着一个奇迹：他俩在 22 岁那年登记结婚，至今已风风雨雨度过了 79 个春秋。因此，他俩已成为世界上最年长的夫妇之一。

在他俩结婚 79 周年的纪念日上，儿孙和亲友们为他俩举行了一个隆重的庆祝宴会，甚至一些地方政要和媒体记者也闻讯赶来参加。

两位老人的思维仍很清晰，他俩还会像孩童一样，跟身边的宾朋开一些天真的玩笑。在致完祝福辞之后，有几名媒体的记者将两位寿星夫妇围在中央，然后不约而同地提出一个问题："您可以告诉我们长寿的秘诀吗？"

妻子露丝想了一会儿，微笑着说："我始终认为我们非常快乐和满足，也许长寿得归功于此。"然后，她回忆起这么一件事情：

年轻时，有一次她和丈夫带着 3 个年幼的孩子外出野游。因为临行前天气很好，他们只带了一把太阳伞。结果在半途中，天空突然下起了大雨，她和丈夫还有孩子挤在太阳伞下避雨。丈夫有点懊恼地抱怨道："早知道这个鬼天气，咱应该呆在家里喝咖啡。"而她认为，反正已经遇上了雨，如果等雨过之后，再垂头丧气地返回，那样心情会更糟糕。于是，她就挽起裤脚，脱下鞋子，然后招呼几个孩子一起到雨中玩"打水仗"。他们迎着雨丝，在柔软的草地上快乐地奔跑着，刚才的懊恼瞬间消失了。站在太阳伞底下的丈夫也被他们兴奋的情绪感染了，并加入到他们的行列。那本来是一个倒霉的雨天，然而在孩子们的眼里，却变成了一个最有趣最值得留恋的日子。有些时候，不要让一时的霉运和懊恼冲掉原本的好心情。在那些平淡的日子里，仍充满惊喜，只要我们用

三、选择快乐：笑中度过每一天

心去发现。

丈夫罗德在回答记者的提问时，颇为幽默地说："我认为长寿的秘诀应该是，每天早晨起来吵一吵嘴，然后马上和好。"众人听后都忍不住笑了起来。在笑过之后，都感到有些费解。

此时，他解释说："家庭生活不能缺少快乐和包容，但是这与怨责并不是对立的。谁也无法摆脱生活的烦恼，因此就会在心中萌生怨责。当你心生怨责之时，不要压在心底任其膨胀。你应该懂得适当地发泄，但前提是你必须掌握好不伤害对方的火候，而且对自己的错误应该及时向对方承认。"

在生活中，每一个人都应该多一些快乐和满足，不要因为一时的挫折和烦恼，便将自己所有的希望和好心情埋没。我们应该学会从平淡的生活中，发现那些可以带给我们崭新生活和快乐心情的方法。

怨恨循环

一家公司的老板正在气头上，他对公司经理大声斥责。

经理回到家对妻子大声斥责，说她太浪费了，因为他看到餐桌上的饭菜太丰盛了。

妻子对儿子大声斥责，因为他干什么都慢悠悠的。儿子对保姆大声呵斥，因为保姆打碎了一个碟子。

保姆没好气地去扔碎碟子，伤着了一位行人。

行人是一位妇人，她哭闹一番后赶紧去医院治伤。她对护士大声呵斥，因为护士上药时弄疼了她。

护士回到家里对母亲大声斥责，因为母亲做的饭菜不合她的口味。

母亲并不生气，温和地对她说："好孩子，明天我一定做你合口的。

你忙了一天一定很累,吃了饭就休息吧,我给你换了一床新被子……"

"怨恨循环"终于在善良的母亲这里融化了。

生活中免不了会有怨恨,怨恨最容易传染和循环。当你遇到"怨恨循环"时,你是继续传递它,还是用宽容和爱心去终结它?也许你忍下了一时之气,那么你是"怨恨循环"的终结者;如果你以善意的理解和关爱,改变了那怨恨的本质,那么你将是"善心循环"的启动者。

怨恨是一种疾病,在人的心里制造痛苦,并通过痛苦的心传播蔓延。问题是,你愿不愿意接受它的传染?愿不愿意让它给你带来痛苦?愿不愿意再把痛苦送给更多的人?还是你想要健康,想要痊愈?

要会感恩、宽容

小宋是名牌大学毕业的,人很文静。她在一家事业单位工作,单位里要写很多材料,她毕竟刚来,公文写作还不很熟,于是每次写好后,她都要给同事老王看,待老王修改完,她再拿去请科长审阅。

很快,小宋的材料越写越好,老王已经没有什么可以修改的了,可科长仍旧东涂西抹,不留情面。小宋虽有些不悦,但没说什么,依然是很谦和地请科长批改。老王愤愤不平,他认为科长的水平修改不了小宋的文章了。小宋只是笑,显得不介意。有时被老王逼紧了,她也只是说,不就是改个材料吗?又不是修改你的人生。

由于小宋的谦虚勤奋还有才能,科长把小宋推荐给了上级宣传部门,小宋上调了。有次,上级要求科里写一份材料,材料组织好后,科长让人先送到宣传部门说是请上级把关。两天后,小宋把材料修改好了,这个材料得到了上级的好评。科长很满意,老王也服气小宋。小宋拿出钱来请大家吃饭,老王私下里对小宋说,你应该让科长请你吃饭才

三、选择快乐：笑中度过每一天

对，那文章是你写得好。小宋说，那怎么行，我会写材料是你们教的，我得感谢你们才对。老王又说，这回科长再也不敢改你的文章了吧。小宋说，知道我老爸在我参加工作时，送我四个什么字吗？第一"感恩"，第二"宽容"。老王当时没有细想，回家后，对照那四个字，渐渐感到惭愧。

学会了宽容，你就有可能翻过来修改领导的文章，学不会宽容，你就永远被领导修改。

我们之所以总是被烦恼包围，总是充满痛苦，总是怨天尤人，总是有那么多的不满和不如意，是不是因为我们缺少这种宽容和感恩呢？

用脚踩冰淇淋

有一个小男孩高兴地拿着一个大蛋卷冰淇淋，一边走一边吃，好不快活。忽然，他不小心将可口的冰淇淋掉到了地上，散成一片。

男孩呆在那里不知所措，甚至也哭不出来，只是睁大眼睛看着散了一地的冰淇淋。

这时有个云游和尚走过来，对小男孩说："好吧，既然你遇到这么坏的遭遇，脱下鞋子，我给你说一件有意思的事情。"

和尚接着说："用脚踩冰淇淋，重重地踩，看冰淇淋从你脚趾缝隙中冒出来。"

小男孩照着他的话做了。

和尚高兴地笑："我敢打赌，这里没有一个孩子尝过脚踩冰淇淋的滋味。现在跑回家去，把这有趣的经历告诉你妈妈。"他还说："要记住，不管遭遇什么，你总可以在其中找到乐趣。"

在漫漫旅途中，失意并不可怕。艰难是人生对你的另一种形式的馈赠，坎坎坷坷也是对你意志的磨砺和考验。落英在晚春凋零，来年又灿烂一片；黄叶在秋风中飘落，春天又焕发出勃勃生机。这何尝不是一种达观，一种洒脱，一份人生的成熟，一份人情的练达。

微笑的潜能

身高只有145厘米，体重只有52公斤的青年原一平以"不请自来的见习职员"身份敲开了日本明治保险公司的大门。当班经理用不屑一顾的眼神告诉他，你若想成为公司的正式职员，你每月必须推销保险1万日元。

于是，他走上了征程。他绞尽脑汁、鼓足勇气地一扇扇敲门，一遍遍解说，然而迎来的却是一次次的拒绝。这其中有白眼、有嘲讽，还有辱骂。

苍天有眼，一份付出终有一份收获。那一年岁末，他的业绩竟是16.8万日元。于是，他成了公司的一名正式职员。公司的主考官召见了他，并对其意味深长地说，你若想在保险推销中胜人一筹，就必须以表情致胜，务必通过自己真诚的笑容去征服顾客。

一句话擦亮了原一平的眼睛。从此后，他开始训练笑容。他对着镜子，开始做持续的、变幻的脸部运动。他练得走火入魔，以至于对身边一个不经意的过客都会发出迥异的笑。

一天，他端详镜子，想感受一下自己究竟能发出多少种笑。然而，令人难以置信的是：他竟能一气呵成发出40种笑。如大方的笑，开朗的笑，欣慰的笑，甜蜜的笑，含刺的笑，尖锐的笑，喜极而泣的笑，抑制辛酸的笑，折磨对方的笑，故作糊涂的笑，嗤之以鼻的笑等等。

从此以后，笑成了原一平身上一道最亮丽的风景。这也加速了他事

业扩张的脚步。

学会笑，真诚的笑，宽宏友善的笑，不仅会给你的生活和工作设置一种独具魅力的磁场，更会使你的人生更加辉煌！

把悲痛藏在微笑下面

第二次世界大战期间，一位名叫伊莉莎白·康黎的女士在庆祝盟军在北非获胜的那一天收到了国际部的一份电报，她的侄儿——她最爱的一个人死在战场上了。她无法接受这个事实，她决定放弃工作，远离家乡，把自己永远藏在孤独和眼泪之中。

正当她清理东西，准备辞职的时候，忽然发现了一封早年的信，那是她侄儿在他母亲去世时写的。信上这样写道："我知道你会撑过去。我永远不会忘记你曾教导我的：不论在哪里，都要勇敢地面对生活。我永远记着你的微笑，像男子汉那样，能够承受一切的微笑。"她把这封信读了一遍又一遍，似乎他就在她身边，一双炽热的眼睛望着她："你为什么不照你教导我的去做？"

康黎打消了辞职的念头，一再对自己说：我应该把悲痛藏在微笑下面，继续生活，因为事情已经是这样了，我没有能力改变它，但我有能力继续生活下去。

事情是这样的，就不会是那样，隐在痛苦泥潭里不能自拔，只会与快乐无缘，告别痛苦的手得由你自己来挥动，享受今天盛开的玫瑰的捷径只有一条：坚决与过去分手。

我少了一双鞋，却有人缺了两条腿

"我曾是个多虑的人，"阿伯特说道，"但是，1934年的春天，我走过韦布城的西多提街道，有个情景扫除了我所有的忧虑。

"事情的发生只有十几秒钟，但就在那一刹那，我对生命意义的了解，比在前10年中所学的还多。这两年，我在韦布城开了家杂货店，由于经营不善，不仅花掉了所有的积蓄，还负债累累，估计得花7年的时间才能偿还。

"我刚在上星期六停止营业，准备到商业银行贷款，以便到堪萨斯城找份工作。我像只斗败的公鸡，没有了信心和斗志。

"突然间，有个人从街的另一头过来。那人没有双腿，坐在一块安装着溜冰鞋滑轮的小木板上，两手各用木棍支撑前行。他横过街道，微微提起小木板准备登上路边人行道。

"就在那几秒钟，我们的视线相遇，只见他坦然一笑，很有精神地向我招呼：'早安，先生，今天天气真好啊！'我望着他，体会到自己是何等富有。我有双足，可以行走，为什么却如此自怜？这位缺了双腿的人仍能如此快乐自信，我这个四肢健全的人还有什么不能的？

"我挺了挺胸膛，本来预备到商业银行只借100元，现在却很有信心地宣称：我要到堪萨斯城去找一份工作。结果，我借到了钱，也找到了工作。现在，我把下面一段话写在洗手间的镜面上，每天早上刮胡子的时候都念它一遍：

"我闷闷不乐，因为我少了一双鞋，直到我在街上，见到有人缺了两条腿。"

在我们的生活当中，约有90%的事情是好的，10%的事情是不好

三、选择快乐：笑中度过每一天

的。如果你想过得快乐，就应该把精神放在这 90% 的好事上面；如果你想担忧、操劳，就可以把精力放在那 10% 的坏事情上面。

快乐的根源

有一个富商，生意做得红火，每日操心、算计，很是烦恼。紧挨他家住着一户穷苦人家，夫妻俩以做豆腐为生，虽说是清贫辛苦，却有说有笑。富商的太太见此情景心生嫉妒，说："唉！别看咱家里嵌银镶玉，可我觉得还不如隔壁卖豆腐的穷夫妻，他们虽说穷，可快乐值千金呀！"富商听太太这样讲，便说："那有什么，我叫他们明天就笑不出来。"言罢，他一抬手将一只金元宝从墙头扔了过去。次日清晨，那对穷夫妻发现了地上那块来历不明的金元宝，欣喜异常，都说发财了，再不用磨豆腐了。可是用这些钱干点什么呢？他们盘算来盘算去，又担心被左邻右舍偷去了钱财。如此这般，夫妻俩茶饭不思，坐卧不宁。自此，再也听不到他们的笑声了。一墙之隔的富商对太太说："你看，他们不说了，不笑了，不再唱歌也不再干活了——当初我们不也是这样开始的吗？"

有些时候，剥夺人生快乐的与其说是兵戎相见，不如说是物欲圈套；耗尽我们生命的与其说是穷困的折磨，不如说是琐碎的诱惑。要想人生轻松快乐，就应该抑制自己对钱财的太多欲求，抵挡住诱惑。

快　乐

一个城市女孩，穿了一条白底碎花的新裙子，高兴得跑去给人看。不慎，新裙子染了一滴墨水——尽管它很小很小，但裙子是女孩的心爱之物，那滴墨水使她心里疙疙瘩瘩的总不舒心。因为那女孩老是想着裙子上那滴该死的墨水，便郁郁寡欢。渐渐地，那滴墨水抵消了她对裙子的爱。之后，它就被弃之一边了。

学校放暑假，那女孩跟父亲的工作组到乡村扶贫，还把她那条因染了墨水而不穿的裙子也带了去。后来，那女孩把那条白底碎花的裙子送给了一个乡村女孩，这个乡村女孩见是条裙子，高兴得手舞足蹈，她可是头一回穿裙子呢！尽管她穿上不合体，但在那乡村女孩眼里，世上再没有比裙子更美的服饰了——她快乐得连裙子的式样和大小都不计较，难道她还注意那滴墨水吗？那乡村女孩快乐之极。

快乐的形式如此简单，同是一条裙子，在那个城市女孩眼里，她看到的是裙子上的那滴不起眼的墨水；在那乡村女孩眼里，她却看到了喜之不尽的美。一个人快乐与否，完全取决于他看待事物的角度和衡量事物的标准。

四、笑对挫折：
不要轻易被困境打倒

> 平稳的日子里，面对人情冷暖是非得失，仍能保持乐观的心态也许不难做到，但当面临巨大的人生变故和挫折，照样笑对人生勇敢前行，就不是一般人能做到的了。但是，你一旦拥有了这样一种勇气和力量，你也就拥有了一生快乐的资本。

不放弃就能找到出口

在迷宫中，如果你停下来，绝望了，那么前程也就到此而止。只要你还有信心寻找下去，永不止步，相信总有一天，你会发现那个充满圣洁光辉的出口。这时，你看看身后泥泞的脚印，曲折的路径，一定会说："主啊，感谢你没有让我放弃。"

那是个真正的多事之秋。在这黑暗的岁月中，人们仅剩的光线，其实只有一道，那就是：信念。1940年5月10日英王授权海军大臣丘吉尔组织新内阁。丘吉尔发表著名的就职演说，他说："我没有别的，只有热血、辛劳、眼泪和汗水贡献给大家。"他又补充说："你们问：我们的政策是什么？我说：我们的政策就是用上帝给予我们的全部能力和全部力量在海上、陆地上和空中进行战争；同一个人类史上从未见过的穷凶极恶的暴政进行战争。这就是我们的政策。你们问：我们的目的是什么？我可以用一个词来答复：胜利——不惜一切代价去争取胜利，无论多么恐怖也要去争取胜利；无论道路多么遥远和艰难，也要去争取胜利；因为没有胜利，我们就不能生存。"

牛津的教育在丘吉尔身上灿灿发光，正义终将战胜邪恶，这是丘吉尔信念的源泉。而信念，是攻无不克的法宝。

丘吉尔的演讲向德国法西斯分子坚定地表明了与之斗争到底的决心和态度。这样，英国成为二战同盟军中的坚强分子。丘吉尔作为在英国政治舞台上卓有领导才能的首相之一深受人民的尊崇。当时著名的英国社会活动家詹宁斯·普里特指出："丘吉尔无论遭到何种挫折与失败，始终是一个强者，他善于鼓舞民众并且毫不妥协地迎击德国法西斯。"

然而，就在丘吉尔指挥若定，避免英伦三岛覆灭的战功永垂青史的

四、笑对挫折：不要轻易被困境打倒

时候，在战后的首次大选中，丘吉尔却被选民赶下了台。

此后，丘吉尔既没有怨天尤人，也没有躺在过去的功劳簿上自我陶醉或是干脆自成一党用来夺回失去的权力。而是厉兵秣马，摩拳擦掌，徐图再战。

有一回他应邀在剑桥大学毕业典礼上致辞。那天他坐在首席上，打扮一如平常，头戴一顶高帽，手持雪茄，一副怡然自得的样子。

经过隆重但稍嫌冗长的介绍词之后，丘吉尔走上讲台，两手抓住讲台注视观众，大约沉默了两分钟，然后他就用那种他独特的风范开口说："永远，永远，永远不要放弃！"接着又是长长的沉默，然后他又一次强调："永远，永远，不要放弃！"最后在他再度注视观众片刻后蓦然回座。

无疑地，这是历史上最短的一次演讲，也是丘吉尔最脍炙人口的一次演讲。这句话中代表了什么，时至今日，仍是仁者见仁，智者见智，令人回味无穷。

结果，丘吉尔在后来的竞选中又夺回了首相宝座，并成为英国一代贤相，丘吉尔再一次靠信念和勇气取得了胜利。

宗教改革家马丁·路德曾经如此写道："最终衡量一个人是否成功，不是看他一帆风顺的时候做什么，而是看他在艰苦和困难的时刻，是否懂得用坦然的辽阔心胸去面对！"

其实，越是困境，越要不屈不挠，锲而不舍，做一颗永远打不破、锤不烂的响当当的豌豆。甚至还要感谢这个困境，因为这才是一个人命运转变的开始，是一个人长大成熟的标志。

遭遇挫败的时候，难道一心寻死或沉沦下去，就会改变命运吗？这是不可能的事情啊！不管你曾经有过多么辉煌的成就，也不管是朋友的背叛或是命运的不公正，你都要知道，失败了，是个现实。而你如果从此一蹶不振，那你对不起的人就很多，同时，也会变成人们的笑柄。存在过，将永远抬不起头来。

现代人遇见小小的挫折便整日呼天喊地，埋怨老天爷，抱怨大环境恶劣，殊不知这样的境况其实是咎由自取。

命运一直掌握在个人手中，唯一能逼你放弃的人，只有你自己，只要你紧握在手、坚持到底，扼住命运的咽喉，一切不幸都会畏惧你，逃离你。可是，如果你对自己都失去信心，那么谁还敢相信你呢？

太阳每天都会下山是个真理，但是你记得哪天它忘了出来吗？

把位置放低

潭水之所以深，是因为它在瀑布的最低处才有积蓄的可能。有时候舍弃高度往往更能成就自己，以退为进更是一种智慧的艺术。

小孙在广告公司谋事，由于年轻易冲动，总以为自己应该占头等，所以心高气傲的他总是在不经意间就得罪了经理。于是，在以后的日子里，每次开会他都自然而然成为会议的一个主题——挨批。被批得面目全非的他，真想一走了之。但他转念一想，如果真的走了，一些罪名不光洗不清，而且会被蒙上厚厚的污垢；再者，这是一家很有名气的公司，自己完全可以从中不断地得以"充电"。于是他舔干身上的血迹，包好自己的伤口，坚持留了下来，整理好乱七八糟的心情，低头实干，以兢兢业业的工作来为自己疗伤，以实实在在的业绩回击谎言。一笔又一笔的业务，增添了他的信心，也让他积攒下了许多经验财富。这就是人站在高处容易被"削"，埋头干活却有所成就的典型。

还有一个刚开始就聪明地低下身子取得成功的例子。一位留美的计算机博士，毕业后在美国找工作，结果好多家公司都不录用他，思来想去，他决定收起所有的学位证明，以一种"最低身份"再去求职。

四、笑对挫折：不要轻易被困境打倒

不久他就被一家公司录用为程序输入人员。这对他来说简直是"高射炮打蚊子"——大才小用，但他仍干得一丝不苟。不久，老板发现他能看出程序中的错误，非一般的程序输入员可比。这时他才亮出学士证，老板给他换了个与大学毕业生对口的专业。

过了一段时间，老板发现他时常能提出许多独到的有价值的建议，远比一般的大学生要高明，这时，他又亮出了硕士证，老板见后又提升了他。

再过了一段时间，老板觉得他还是与别人不一样，就对他"质询"，此时他才拿出了博士证。因为老板对他的水平已有了全面的认识，于是毫不犹豫地重用了他。

不是吗？人不怕被别人看低，而怕的恰恰是人家把你看高了。看低了，你可以寻找机会全面地展现自己的才华，让别人一次又一次地对你"刮目相看"，你的形象会慢慢地高大起来。可被人看高了，刚开始让人觉得你多么地了不起，对你寄予了种种厚望，可你随后的表现让人一次又一次地失望，结果是被人越来越看不起。

退一步海阔天空，这绝对是反败为胜的真理。

美国有位总统马辛利，因为一个用人问题，遭到一些人强烈的反对。在一次国会会议上，有位议员当面粗野地讥骂他。他气得鼓鼓的，但极力忍耐，没有发作。等对方骂完了，他才用温和的口吻道："你现在怒气应该平和了吧，照理你是没有权利这样责问我的，但现在我仍然愿详细解释给你听……"他的这种容人姿态，使那位议员羞红了脸，矛盾立即缓和下来。试想，如果马辛利得理不让人，利用自己的职位和得理的优势，咄咄逼人进行反击的话，那对方是决不会服气的。由此可见，当双方处于尖锐对抗状态时，得理者的忍让态度，有"釜底抽薪"之妙，能使对立情绪"降温"。

在你自己筹划人生之路的时候，一定不要让自己"眼高手低"。志当存高远，却要不急不躁从小事情做起。这样，成功的几率自然会高出许多。不信，先试试看又何妨？

行善也需平常心

一个乐于助人的年轻人遇到了困难，想起自己平时帮助过许多朋友，于是去找他们求助。然而对于他的困难，朋友们全都视而不见、听而不闻。

真是一帮忘恩负义的家伙！

年轻人怒气冲冲，他的愤怒这样激烈，以至于无法自己排遣。百般无奈，他去找一位智者。

智者说："助人是好事，然而你却把好事做成了坏事。"

"为什么这样说呢？"

年轻人大惑不解。

智者说："首先，你开始就缺乏识人之明，那些没有感恩之心的人是不值得帮助的，你却不分青红皂白地帮助，这是你的眼浊；其次，你手浊，假如你在帮助他们的同时也培养他们的感恩之心，不至于让他们觉得你对他们的帮助天经地义，事情也许不会发展到这步田地，可是你没有这样做；第三，你心浊，在帮助他人的时候，应该怀着一颗平常心，不要时时觉得自己在行善，觉得自己在物质和道德上都优越于他人，你应该只想着自己是在做一件力所能及的小事。比起更富者，你是穷人；比起更善者，你是凡人。想想这些，你还生气、恼怒吗？"

愿意帮助别人，并在需要的时候希望自己得到别人的帮助，可以说是人之常情；而真正豁达睿智的人，却善于从自己身上找原因，不会一味地抱怨别人。

四、笑对挫折：不要轻易被困境打倒

命运掌握在自己的手上

易先生毕业以后大概做过十几种不同的工作，当过大学老师，做过公务员，做过歌厅串场歌手，开过餐馆，做过流水线工人，搞过装修、房地产……最后都以失败告终。

一次，在九华山的一座寺庙里，他和一位老和尚聊起了命运。

易先生问这位老和尚："世界上到底有没有命运？"

老和尚答道："当然有。"

易先生说："既然有命中注定，那奋斗还有什么用？"

老和尚笑而不答，他抓起易先生的左手，先说了手上有生命线、事业线之类算命的话，然后他让易先生举起左手并攥成拳头。

当易先生拳头攥紧之后，老和尚问他："那些命运线在哪里？"

他机械地答道："在我的手中啊。"

当这位老和尚再次追问这个问题时，易先生恍然大悟，命运其实就在自己的手中。后来每当遇到挫折时，易先生就会暗暗攥紧拳头对自己说："命运其实就在自己的手中。"这个信念一直帮助他走到今天，走向了成功！

一切的决定、思考、感受、行动都受控于某种力量，它就是我们的信念。有什么样的信念，就决定你有什么样的力量。

局部的失败

有一个老和尚教一个小沙弥保存香菇。老和尚教小沙弥把香菇用一个个塑料袋包装起来，小和尚不知其理，心想：师父这样做真麻烦。但还是按师父的要求做了。

到了秋天，师父要小和尚拿出以前储藏的香菇来吃，小和尚听从吩咐去拿。

一会儿，急忙跑回来说："师父不得了啦，香菇腐烂了，不能吃了！"

师父不急不忙地说："你再打开其他的看看。"

小和尚又跑去拿，这一次小和尚笑嘻嘻地对师父说："这一筐香菇只有几个是坏的，其他的都是好的，都能吃。"

这时师父对小沙弥说："人生也是一箩筐的矛盾果，只要用心把一个个矛盾果像包装香菇那样用塑料袋包起来，那么局部的挫折、失败并不影响获得更大的成功，就像一箩筐的香菇只有几个是坏的，大部分还是好的，是能吃的。"

禅说，局部的失败是肯定的，但要相信今后会获得更大的成功，不要因一次小小的失误而低头，意志消沉。

真正的男子汉

一位父亲苦于自己的孩子已经十五六岁了还没一点男子汉的气概。他去找得道的禅师，让禅师帮忙训练他的孩子。

"你把他放在我这儿呆半年，我一定把他训练成真正的男人。"禅师说。

半年后，父亲来接儿子，禅师让他观看他孩子和一个空手道教练进行的比赛。只见教练一出手孩子就应声倒下，他站起来继续迎战，但马上又被打倒，他又站了起来……

就这样来来回回一共18次。

四、笑对挫折：不要轻易被困境打倒

父亲觉得非常羞愧："真没想到，他居然这么不经打，一打就倒了。"

禅师说："你只看到表面的胜负，却没有看到他倒下去又站起来的勇气和毅力。"

一开始就能站住的人固然让人欣赏，但一次次倒下，又能重新站起来的人则更让人敬佩。毕竟这世界上能一开始就站起来的幸运儿不多，许多人都经过无数次摸爬滚打，才能最终站稳。所以，失败并不可怕，只要有勇气站起来，成功终将属于你。

人生的意义需要自己确定

在一所很有名望的大学里，作家毕淑敏正在演讲。从她演讲一开始就不断地有纸条递上来。纸条上提的最多的问题是——"人生有什么意义？请你务必说实话，因为我们已经听过太多言不由衷的假话了。"

她当众把这个纸条念出来了，念完这个纸条以后台下响起了掌声。她说："你们今天提出这个问题很好，我会讲真话。我在西藏阿里的雪山之上，面对着浩瀚的苍穹和壁立的冰川，如同一个茹毛饮血的原始人，反复地思索过这个问题。我相信，一个人在他年轻的时候，是会无数次地叩问自己——我的一生，到底要追索怎样的意义？

"我想了无数个晚上和白天，终于得到了一个答案。今天，在这里，我将非常负责地对你们说，我思索的结果是人生是没有任何意义的！"

这句话说完，全场出现了短暂的寂静，如同旷野。但是，紧接着就响起了暴风雨般的掌声。

她接着又说："大家先不要忙着给我鼓掌，我的话还没有说完。我说人生是没有意义的，这不错，但是——我们每一个人要为自己确立一个意义！是的，关于人生意义的讨论，充斥在我们的周围。很多说法，由于熟悉和重复，已让我们从熟视无睹到感到厌烦。可是，这不是问题的根本。真谛是，别人强加给你的意义，无论它多么正确，如果它不曾进入你的心里，它就永远是身外之物。比如我们从小就被家长灌输过人生意义的答案，在此后漫长的岁月里，谆谆告诫的老师和各种类型的教育，也都不断地向我们批发人生意义的补充版。但是有多少人把这种外在的框架，当成了自己内在的标杆，并为之下定了奋斗终生的决心？"

人要为自己的人生定义。

人生的意义是一个古老的话题了，从我们刚刚懂事的时候起，关于"人生意义"的教诲便一刻也没有停歇过。同时，这也是佛学里不断探究的一个命题。然而，即便如此，又有几人能够真正清楚地知道自己人生的意义呢？如果不是有过深入的思考，树立长远的目标，恐怕一生就要在浑浑噩噩中虚度了。

度人度心

一个只有一只手的乞丐来到一所寺院向方丈乞讨，方丈毫不客气地指着门前一堆砖头对乞丐说："你帮我把这些砖头搬到后院去吧。"

乞丐生气地说："我只有一只手，怎么搬呢？不愿给就不给，何必捉弄人呢？"

方丈什么话也没说，用一只手搬起一块砖说道："这样的事一只手也能做到的！"

乞丐只好用一只手搬起砖来，他整整搬了两个时辰，才把砖搬完。

方丈递给乞丐一些银两，乞丐接过钱，很感激地说："谢谢你！"

方丈回答说："不用谢我，这是你自己赚到的钱。"

四、笑对挫折：不要轻易被困境打倒

乞丐说："我不会忘记你的。"说完深深地鞠了一躬，就上路了。

过了很多天，又有一个乞丐来到了寺院，方丈把他带到屋后，指着砖堆对他说："把砖搬到屋前就给你银子。"但是这位双手健全的乞丐却不屑一顾地走开了。

弟子不解地问方丈："上次您叫乞丐把砖从屋前搬到屋后，这次您又叫乞丐把砖从屋后搬到屋前，您到底是想把砖放在屋后还是屋前？"

方丈对弟子说："砖放在屋前和屋后都一样，可搬不搬对乞丐来说就不一样了。"

若干年后，一个很体面的人来到寺院。这个人气度不凡，可是美中不足的是他只有一只手，原来这就是当年用一只手搬砖的那个乞丐。自从方丈让他搬砖以后，他找到了自己的价值，然后靠自己的奋斗取得了成功，而那个双手健全的乞丐仍一直在山门外乞讨。

自尊改变命运，行动成就伟业。方丈度人更度心，有真正的慈悲心怀。

贤者之心有如山石

一天，钓鱼人看见一个老和尚在凛冽的寒风中过河。

钓鱼人喊住老和尚说："师父，上游有桥。"

老和尚说："知道。"

他说："师父，下游有渡。"

老和尚还说："知道。"

但老和尚没有回来，他一步一步远去，在呼啸的寒风中走向对岸。

在老和尚之前和老和尚之后，有无数青年也要过河，但到河边他们就停下了。他们问钓鱼人附近有桥吗？钓鱼人说："上游十里有桥，下游十里有渡。"

年轻人听了，立即离开河边，或上或下绕道而去。有一个人或许嫌路远，没走，他脱了鞋，一步一步走进水里。当冰冷的河水没过膝盖时，那人停住了，继而，又一步一步回到岸上，穿好鞋离开河边绕道而去。

也许在我们前进的过程中，会有许许多多的艰难险阻。是选择绕道而行，还是直面困难？我们应该向目标的方向勇往直前，无论前面有多少荆棘。

佛说："贤者能看破放下，不因为有人讥毁而伤心，不因为有人称誉而欢喜。贤者之心，有如山石，虽有大风，亦不动摇；亦既有讥毁贤者，又有称誉贤者，贤者皆不动心。"

泥泞留痕

鉴真和尚刚刚剃度遁入空门时，寺里的住持让他做了寺里谁都不愿做的行脚僧。

有一天，日已三竿了，鉴真依旧大睡不起。住持很奇怪，推开鉴真的房门，见床边堆了一大堆破烂的芒鞋。住持叫醒鉴真问："你今天不外出化缘，堆这么一堆芒鞋做什么？"

鉴真打了个哈欠说："别人一年一双芒鞋都穿不破，我刚剃度一年多，就穿烂了这么多的鞋子，我是不是该为庙里节省些鞋子？"

住持一听就明白了，微微一笑说："昨天夜里落了一场雨，你随我到寺前的路上走走看看吧。"

寺前是一座黄土坡，由于刚下过雨，路面泥泞不堪。

住持拍着鉴真的肩膀说："你是愿意做一天和尚撞一天钟，还是想

四、笑对挫折：不要轻易被困境打倒

做一个能光大佛法的名僧？"

鉴真说："我当然希望能光大佛法，做一代名僧。"

住持捻须一笑："你昨天是否在这条路上走过？"鉴真说："当然。"

住持问："你能找到自己的脚印吗？"

鉴真十分不解地说："昨天这路又坦又硬，小僧哪能找到自己的脚印？"

住持又笑笑说："今天我俩在这路上走一遭，你能找到你的脚印吗？"

鉴真说："当然能了。"

住持听了，微笑着拍拍鉴真的肩说："泥泞的路才能留下脚印，世上芸芸众生莫不如此啊。那些一生碌碌无为的人，不经风不沐雨，没有起也没有伏，就像一双脚踩在又坦又硬的大路上，脚步抬起，什么也没有留下。而那些经风沐雨的人，他们在苦难中跋涉不停，就像一双脚行走在泥泞里，他们走远了，但脚印却印证着他们行走的价值。"

鉴真惭愧地低下了头。

只有经风沐雨，走在泥泞的路上，才能留下你的脚印；也只有经历生活的苦难，奋斗不止，才可能做出成绩，为后世留下功勋。不要害怕风雨，那正是为你提供成功的契机。

2500个"请"

三年前，四十来岁的米·乔伊遭遇公司裁员，失去了工作，从此一家六口的生活全靠他一人外出打零工挣钱维持，经常是吃了上顿没下顿，有时一天连一顿饱饭也吃不上。

为了找到工作，米·乔伊一边外出打工，一边到处求职，但所到之处都以其年龄大或者单位没有空缺为借口将其拒之门外。然而，米·乔伊并不因此而灰心，他看中了离家不远的一家建筑公司，于是便给公司老板寄去第一封求职信。信中他并没有将自己吹嘘得如何能干、如何有才，也没有提出自己的要求，只简单地写了这样一句话："请给我一份工作。"

当底特律建筑公司老板麦·约翰收到这封求职信后，让手下人回信告诉米·乔伊"公司没有空缺"。但米·乔伊仍不死心，又给公司老板写了第二封求职信。这次他还是没有吹嘘自己，只是在第一封信的基础上多加了一个"请"字："请请给我一份工作。"此后，米·乔伊一天给公司写两封求职信，每封信都不谈自己的具体情况，只是在信的开头比前一封信多加一个"请"字。

3年间，米·乔伊一共写了2500封信，即在2500个"请"字后是"给我一份工作"。见到第2500封求职信时，公司老板麦·约翰再也沉不住气了，亲笔给他回信："请即刻来公司面试。"面试时，麦·约翰告诉米·乔伊，公司里最适合他的工作是处理邮件，因为他"最有写信的耐心"。

当地电视台的一位记者获知此事后，专程登门对米·乔伊进行采访，问他为什么每封信都只比上一封信多增加一个"请"字，米·乔伊平静地回答："这很正常，因为我没有打字机，只想让他们知道这些信没有一封是复制的。"当这位记者问约翰为什么最后录用米·乔伊时，约翰不无幽默地说："当你看到一封信上有2500个'请'字时，你能不受感动吗？"

求佛需要耐心，做任何事都需要耐心。付出耐心，并不是所有人都可以做到的，尽管有时候它非常容易。如果你不想成为懒惰者和平庸者，不愿随波逐流，在认定了一个目标之后，请你坚持到底，耐心就是胜利。

四、笑对挫折：不要轻易被困境打倒

长成一颗珍珠

很久很久以前，有一个养蚌的人，他想培养一颗世上最大最美的珍珠。

他去海边沙滩上挑选沙粒，并且问那些沙粒，愿不愿意变成珍珠。那些沙粒一颗一颗都摇头说不愿意。养蚌人从清晨问到黄昏，他都快要绝望了。

就在这时，有一颗沙粒答应了他的请求。旁边的沙粒都嘲笑起那颗沙粒，说它太傻，去蚌壳里住，远离亲人朋友，见不到阳光、雨露、明月、清风，甚至还缺少空气，只能与黑暗、潮湿、孤寂为伍。

可那颗沙粒还是无怨无悔地随着养蚌人去了。斗转星移，几年过去了，那颗沙粒已长成了一颗晶莹剔透、价值连城的珍珠，而曾经嘲笑它傻的那些伙伴们，却依然只是一堆沙粒。

如果说世上有"点石成金"的方法，那就是"艰难困苦"了。这是人生的至宝！你忍耐着、坚持着，当走过黑暗与苦难的长长隧道之后，或许你会惊讶地发现，平凡如沙粒的你，不知不觉中，已长成了一颗珍珠。

盲童的执著

夏季的一个傍晚，天色很好。

海澄大师到寺外散步，在一片空地上，看见一个10岁左右的小男孩和一位妇女。那孩子正用一只做得很粗糙的弹弓打一只立在地上、离他有七八米远的玻璃瓶。那孩子有时把弹丸打偏很多，而且忽高忽低。海澄大师便站在他身后不远处，看他打那瓶子，因为他还从没有见过打弹弓这么差的孩子。

那位妇女坐在草地上，从地上捡起一颗颗石子，轻轻递到孩子手中，安详地微笑着。那孩子便把石子放在皮套里，打出去，然后再接过一颗。

从那妇女的眼神中可以猜出，她是那孩子的母亲。

那孩子很认真，屏住气，瞄很久，才打出一弹。但海澄大师站在旁边都可以看出，他这一弹一定打不中，可是他还在不停地打。

海澄大师走上前去，对那母亲说：

"让我教他怎样打好吗？"

男孩停住了，但还是看着瓶子的方向。

他母亲对海澄大师笑了一笑："谢谢师父，不用了！"

她顿了一下，望着那孩子，轻轻地说："他看不见。"

海澄大师怔住了。半晌，海澄大师喃喃地说："噢……施主，对不起！但他为什么要这么玩？"

"别的孩子都这么玩。"

"呃……"海澄大师说，"可是他……怎么能打中呢？"

"我告诉他，总会打中的。"母亲平静地说，"关键是他做了没有。"

海澄大师沉默了。

过了很久，那男孩的频率逐渐慢了下来，他已经累了。

他母亲并没有说什么，还是很安详地捡着石子儿，微笑着，只是递的节奏也慢了下来。

海澄大师慢慢发现，这孩子打得很有规律。他打一弹，向一边移一点，打一弹，再转点，然后再慢慢移回来。

他只知道大致方向啊！

四、笑对挫折：不要轻易被困境打倒

过了很久，夜幕降临，海澄大师已看不清那瓶子的轮廓了，便转身向寺庙的方向走去。

走出不远，海澄大师突然听到身后传来一声清脆的瓶子的碎裂声。

在恒心和爱的支持下，这个世界上没有任何不能逾越的障碍。

追随你的心灵

剑桥郡的世界第一位女性打击乐独奏家伊芙琳·格兰妮说："从一开始我就决定：一定不要让其他人的观点阻挡我要成为一名音乐家的热情。"

她成长在苏格兰东北部的一个农场，从8岁时她就开始学习钢琴。随着年龄的增长，她对音乐的热情与日俱增。但不幸的是，她的听力却在渐渐地下降，医生们断定这是由于难以康复的神经损伤造成的，而且断定到12岁，她将彻底耳聋。可是，她对音乐的热爱却从未停止过。

她的目标是成为打击乐独奏家，虽然当时并没有这么一类音乐家。为了演奏，她学会了用不同的方法"聆听"其他人演奏的音乐。她穿着长袜演奏，这样她就能通过她的身体和想象感觉到每个音符的震动，她几乎是用她所有的感官来感受她的整个声音世界。

她决心成为一名音乐家，于是她向伦敦著名的皇家音乐学院提出了申请。

因为以前从来没有聋学生提出过申请，所以一些老师反对接收她入学。但是她的演奏征服了所有的老师，她顺利地入了学，并在毕业时荣获了学院的最高荣誉奖。

从那以后，她就致力于成为世界上第一位专职的打击乐独奏家，并且为打击乐独奏谱写和改编了很多乐曲，因为那时几乎没有专为打击乐而谱写的乐谱。

至今,她作为独奏家已经有十几年的时间了,因为她很早就下了决心,不能仅仅由于医生诊断她会完全变声而放弃追求,因为医生的诊断并不意味着她的热情和信心也会"变声"。

学会选择,不要让他人的论断束缚了自己前进的步伐。追随你的热情,追随你的心灵,它们将带你到你想要去的地方。

丢掉悲观情绪

生下来就一贫如洗的林肯,终其一生大多数时候都在面对挫败,八次竞选八次落败,两次经商失败,甚至还精神崩溃过一次。

好多次,他本可以放弃,但他并没有如此,也正因为他没有放弃,才成为美国历史上最伟大的总统之一。

以下是林肯进驻白宫前的简历:

1816年,家人被赶出了居住的地方,他必须工作以抚养他们。

1818年,母亲去世。

1831年,经商失败。

1832年,竞选州议员——但落选了!

1832年,工作也丢了——想就读法学院,但进不去。

1833年,向朋友借钱经商,但年底就破产了,接下来他花了16年,才把债还清。

1834年,再次竞选州议员——赢了!

1835年,订婚后即将结婚时,未婚妻却死了,因此他的心也碎了!

1836年,精神完全崩溃,卧病在床6个月。

1838年,争取成为州议员的发言人——没有成功。

四、笑对挫折：不要轻易被困境打倒

1840年，争取成为国会候选人——失败了！

1843年，参加国会大选——落选了！

1846年，再次参加国会大选——这次当选了！前往华盛顿特区，表现可圈可点。

1848年，寻求国会议员连任——失败了！

1849年，想在自己的州内担任土地局长的工作——被拒绝了！

1854年，竞选美国参议员——落选了！

1856年，在共和党的全国代表大会上争取副总统的提名——得票不到100张。

1858年，再度竞选美国参议员再度落败。

1860年，当选美国总统。

面对不幸，面对潦倒，我们所要做的不是怨天尤人，自暴自弃；而应该是放弃悲观情绪择一个长远目标不断捕捉生存智慧，承受苦难，直面打击，最终站在成功的高台上俯视天下！

不要偏离轨道

有一天，上班时间，有一位气质极好、一看就属白领阶层的青年女子来找一位同事。正巧同事不在，她留下了姓名。等同事回来，同屋的人把情况作了通报，还意犹未尽地说了一通"不去当演员，可惜了"之类的惋惜话。同事笑道："你怎么知道她没有去当演员？事实上她不仅做过演员，而且还曾与一个非常重要的角色失之交臂过呢。"说着他报出了那个角色。同屋的人的心里猛然一震：那可是个令一名当年原本无名的女演员一夜之间红得发紫的角色啊！

而她是怎样错过的呢？当时，慧眼识珠的导演挑女主角，挑来挑去，最后只剩下两位候选人：她与日后走红的那位。论外形和气质，非她莫属。然而她脸上几颗隐瞒不了的青春痘造成了导演的犹豫。导演虽然有些犹豫，但还是偏向她的，不巧这时外界又传出了她与导演有染的流言。一贯无瑕的她一赌气，退出竞争，旋即又辞职，匆匆地打道回府了。

10年来，她远离机会频频、可以尽展才华的演艺界，成了一名普通的白领。偏离了自己真正的轨道，从事着自己并不真心喜欢的职业，其中郁积的遗憾和委屈又岂是一口气能赌掉的？况且，她的婚姻也因之而并不幸福。

小时候，听过一个故事，说的是从前有一个人提着网去打鱼，不巧这时下起了大雨，他一赌气将网撕破了。网撕破了还不够，又因气恼一头栽进了池塘，再也没有爬上来。小时候，想世上哪有这样的傻子，这一定是个哄人的故事。现在想起来，这个故事还是很有意义的。

下雨不能打鱼，等天晴就是了。

不要让一场雨下进灵魂里，不要让一口气久久不蒸发，从而输掉青春、爱情、可能的辉煌和一伸手就能摘到的幸福。

真正的男人

国外一个城市公开招聘市长助理，要求必须是男人。当然，这里所说的男人指的是精神上的男人，每一个应考的人都理解。

经过了多番文化和综合素质的角逐，有一部分人获得了参加最后一项特殊的考试的权利，这也是最关键的一项。那天，他们云集在市府大院里，轮流去一个办公室应考，这最后一关的考官就是市长本人。

第一个男人进来，只见他一头金发熠熠闪光，天庭饱满，高大魁

四、笑对挫折：不要轻易被困境打倒

梧,仪表堂堂。市长带他来到一个特建的房间,房间的地板上撒满了碎玻璃,尖锐锋利,望之令人心惊胆寒。市长以万分威严的口气说:"脱下你的鞋子!将里面桌子上的一份登记表取出来,填好交给我!"男人毫不犹豫地将鞋子脱掉,踩着尖锐的碎玻璃取出登记表填好交给了市长。他强忍着钻心的痛,依然镇定自若,表情泰然,静静地望着市长。市长指着一个大厅淡淡地说:"你可以去那里等候了。"男人非常激动。

市长带着第二个男人来到另一间特建的屋子,屋子的门紧紧地关闭着。市长冷冷地说:"里边有一张桌子,桌子上有一张登记表,你进去将表取出来填好交给我!"男人推门,门是锁着的。"用脑袋把门撞开!"市长命令道。男人不由分说,低头便撞,一下、两下、三下……头破血流,门终于开了。他取出表认真地填好交给市长,市长说:"你可以去大厅等候了。"男人非常高兴。

就这样,一个接一个,那些身强体壮的男人都用自己的意志和勇气证明了自己。市长表情有些沉重。他带最后一个男人来到一个房间,市长指着站在房间里的一个瘦弱的老人对男人说:"他手里有一张登记表,去把它拿过来填好交给我!不过他不会轻易给你的,你必须用你的铁拳将他打倒……"男人严肃的目光射向市长:"为什么?""不为什么,这是命令!""你简直是个疯子,我凭什么打人家?何况他是弱小的老人!"

男人气愤地转身就走,被市长叫住了。市长将这些应考的人都召集在一起,告诉他们只有最后一个男人考中了。

那些伤筋动骨的人都捂着自己的伤口审视着被宣布考中的人,当发现他身上的确一点伤也没有时,都惊愕地张大了嘴巴,非常不服气。

市长说:"你们都不是真正的男人。"

"为什么?"他们异口同声地问。

市长语重心长地说:"真正的男人懂得反抗,是敢于为正义和真理献身的人，他不会选择唯命是从，做出没有道理的牺牲的。"

做一个真正的男人难吗？不难。只要你懂得选择人生的尊严与操守，自尊、自信、正直，放弃那些迎合别人的无谓牺牲，那么你就会拥有别人最真诚的敬意。

拥抱自由

在美国，有一个黑人青年，他在一个环境很差的贫民窟里长大。他的童年缺乏教育和指导，跟别的坏孩子学会了逃学、破坏财物和吸毒。他刚满12岁就因抢劫一家商店被逮捕；15岁时因为企图撬开办公室里的保险箱，再次被逮捕；后来，又因为参与对邻近的一家酒吧的武装打劫，他作为成年犯第三次被送入监狱。

一天，监狱里一个年老的无期徒刑犯看到他在打垒球，便对他说："你是有能力的，你有机会做些你自己的事，不要自暴自弃。"

年轻人反复思索老囚犯的这番话，做出了决定：虽然他还在监狱里，但他突然意识到他具有一个囚犯能拥有的最大自由：他能够选择出狱之后干什么；他能够选择不再成为恶棍；他能够选择重新做人——当一个垒球手。

5年后，这个年轻人成了垒球队的队员。垒球队当时的领队在友谊比赛时访问过监狱，由于他的努力使年轻人假释出狱。不到一年，年轻人就成了垒球队的主力队员。

这个年轻人尽管曾陷于生活的最低谷，尽管曾是被关进监狱的囚犯，然而，他认识到了真正的自由，这种自由是我们人人都有的，它存在于自由选择的绝对权利之中，我们所有的人都有这种权利。

虽然你失败了，但你拥有自由，拥有选择的自由，这已经是失败给

你的最大恩赐了。

自由是一个人充分全面发展的根本条件。你选择了什么样的人生道路，就决定了你享有什么样的人生。

麻烦人生

《百味人生》中讲过这样一个人的经历：20岁那年，我任职的公司突然倒闭，我失业了。经理对我说："你真幸运。""幸运？"我大叫，"我浪费了两年的光阴，还有16000元的薪水没有拿到。"

"真的，你很幸运。"经理继续说，"凡在早年受挫的人都是很幸运的，可以学到鼓起勇气从头做起。运气一直很好，到了四五十岁灾祸临头的人才是可怜的，这样的人没学过如何重新做起，这时候来学，年纪已太大了。"

35岁时，一位商业顾问对我说："不要因为事情的麻烦而抱怨。你的收入多就是因为工作麻烦。一般人不需要负什么责任，没什么麻烦，报酬也少。只有困难的工作，才有丰厚的报酬。"

40岁时，一位哲学家告诉我："再过5年，你就会有重大发现，那就是，麻烦不是偶然出现的，麻烦就是人生。"

如今我50岁了，回想起这三位朋友的启示，真是至理名言。

麻烦就是人生，虽然它不包括人生的全部，但确实给我们以惊醒，告诉我们人生不是一帆风顺的，有时麻烦很多，因我们付出得多，所以获得的也会很多。

作家的悲剧

　　日本作家川端康成自获诺贝尔奖之后，受盛名之累，常被官方、民间，包括电视广告商人等拉着去做这做那。文人难免天真，不擅应酬，又心慈面薄，不会推托；做事也过于认真，不懂敷衍；于是陷入忙乱的俗事重围，不知如何解脱，终于自杀，了此一生。据报道，川端临终前，曾为筹措笔经费而心力交瘁。情绪十分低落，可能是促使他厌世自杀的原因之一，这当不是妄测之词。

　　固然，对一位作家来说，能获得诺贝尔奖，这口井已经算是凿得够深了。但如果他不被卷入烦倦不堪的琐事，而能依然宁静度日，以他丰富晶莹的智慧，或可有更具哲理的创作留传于世。

　　《湖滨散记》的作者梭罗，为了要写一本书，而去森林中度过两年隐士生活。自己种豆和玉蜀黍为食，摆脱了一切剥夺他时间的琐事俗务，专心致志，去体验林间湖上的景色和他心灵所产生的共鸣。从中发现许多道理，而完成了这本名著。

　　一个人的精力有限，时间有限。在有生之年，把握住自己真正的志趣与才能所在，专一地做下去，才可能有所成就。

　　不但要有魄力，而且要有判断力，摆脱其他外务的干扰和诱惑，不为一切名利权位等虚荣而中途改道。

人生和打牌

　　艾森豪威尔是美国第 34 任总统，他年轻时经常和家人一起玩纸牌游戏。一天晚饭后，他像往常一样和家人打牌。这一次，他的运气特别

不好，每次抓到的都是很差的牌。开始时他只是有些抱怨，后来，他实在是忍无可忍，便发起了少爷脾气。

一旁的母亲看不下去了，正色道："既然要打牌，你就必须用手中的牌打下去，不管牌是好是坏，好运气是不可能都让你碰上的！"

艾森豪威尔听不进去，依然愤愤不平。母亲于是又说："人生就和这打牌一样，发牌的是上帝。不管你手中的牌是好是坏，你都必须拿着，你都必须面对。你能做的，就是让浮躁的心情平静下来，然后认真对待，把自己的牌打好，力争达到最好的效果。这样打牌、这样对待人生才有意义！"

艾森豪威尔此后一直牢记母亲的话，并激励自己去积极进取。就这样，他一步一个脚印地向前迈进，成为中校、盟军统帅，最后登上了美国总统之位。

上帝发的牌总是有好有坏，一味埋怨是没有半点用处的，也无法改变现状。印度前总统尼赫鲁也曾经说过这样一句话："生活就像是玩扑克，发到的那手牌是定了的，但你的打法却取决于自己的意志。"

一个人所处的环境靠个人也许无力改变，但如何适应环境则是自己完全可以控制的。人的一生难免会碰上许多问题，遇到不少挫折，在面对问题和挫折时，怨天尤人解决不了任何问题；积极调整好生活态度，勇敢地迎接人生的挑战，并尽最大的努力去做好每一件事，这才是最佳的选择！

迎接潮水

一名建筑师在一次施工中意外地遇上塌方事故。虽然他有幸保住了性命，但他却失去了两条腿。从此，他只能与轮椅相伴。

当他想到自己永远无法行走，再也不能从事所喜爱的工作时，他感到非常绝望。后来，他竟趁家人不注意，偷偷吞下一整瓶镇疼药片。幸亏被家人及时发现，将他送入医院进行抢救，才挽回了他的生命。但是，他仍一直萎靡不振。

有一天，市艺术展览馆为一位残疾画家举办一次画展，家人决定陪他前去参观。他对画展并没有多大兴趣，只是因为那些画是出自一位残疾人之手，他才答应去看画展。

在展室大厅一角，他被其中一幅水彩画深深地打动了：画上面是一片金色的海滩，上面搁浅着一条老船；在它那瘦骨嶙峋的筋骨上，刻满了岁月的沧桑；那稍稍倾侧的船体下，则只有一小洼清水。然而，在画上面却写着一行非常有力的字迹："相信吧，潮水会回来！"

从这幅画中，他感到有一股无形的力量在震撼着他，使他的眼睛湿润了。他非常想拜见一下画作的作者。之后，他从展室管理员那儿知道了一些作者的情况。原来，这些画作都是出自一位年逾七旬的残疾老者之手。而在10多年前，那位老者就因患上"进行性运动神经疾病"，卧床不起。但是，这么多年来，他一直坚持与病魔抗争，坚持用一只稍稍灵活一点的手臂，躺在床上作画。

这名建筑师再一次被老画家的精神感动了。他让家人打听那位老者的住址，并执意让家人陪他去拜访那位老者。

当他来到那位老者的家里时，老画家正躺在床上，用两个枕头垫着后背，在画板上画画。见此情景，抑制不住的泪水从他的眼睛里涌出来。然而，在老者那枯瘦的面孔上，见不到丝毫痛苦怨责的神情。老者放下画笔，热情地打招呼，在他面前一直都是谈笑风生。

在交谈中，他坦诚地对老者说："见到您之后，我忽然开始为自己以前的怯懦而感到羞耻。"

老画家笑了起来，随后说："是啊，上帝对我们是不公平的，剥夺

四、笑对挫折：不要轻易被困境打倒

了我们曾经健康的肌体，使我们失去许多正常人拥有的欢乐。但是，命运也是公平的，因为它仍把健康的大脑留在我们的身边。"

告别之时，老画家把那幅《迎接潮水》的画作送给了他，并且肃然地说："我们都应该有理由相信，潮水会回来，我们人生的木船将再一次起航。"

那名建筑师把老者送他的那幅画挂在自己的房间里。他也时刻铭记着老者送给他的那句富含人生哲理的话语。后来，他设计了许多有名的建筑，成为一名十分出色的建筑师。

坚强与懦弱、快乐和悲伤都是由自己的心态造成的。只有放下这种消极的心态才有成功的希望。如果你内在的潜力不能发挥，就不能取得进步；只有坚强自信、循序渐进地积累经验和知识，才能为成功奠定基础。

奇　迹

面对生活的不幸是放弃、抱怨，还是勇敢地面对，其实在放弃消极态度的同时，你也便拥有了另一种人生。下面这位老太太的经历是凭借信仰的帮助，克服困难而达到目标的最佳例证。

"我是一个60多岁的老太太。我要告诉你，我就是因为信仰而产生了奇迹。很抱歉的是，我没有受过什么教育，也不太会写字，但是，我会尽力告诉你，我人生中遇到的第一个大麻烦和我是如何运用信仰的力量来克服的。

"我生下来便是一个瘸子，胯骨错位。医生说我这辈子将无法走路。但是，当我慢慢长大，看见别人能走路时，我便在心里祈祷上帝帮助我，我也要走路。我知道上帝很爱我。那年我已6岁，还不会走路。我的心碎了，但上帝竟让我扶着两把椅子站了起来。但我一开步走，便倒了下去。我告诉自己，绝不可以放弃。我不断地向上帝祈祷，一次又一次地尝试，直到我能真正站起来好几秒钟。我无法形容内心的狂喜，不断地尖叫要我妈妈来看，我站起来了！我能走路了！

"可惜，我一走动，便又跌了下来。我无法忘记当时我的父母有多喜悦。当我再尝试时，母亲递给我一把扫帚，她抓着另一头，叫我一步一步朝前走。她的鼓励加上我自身的毅力，我居然能走所谓的鸭子步了！自此，我生活非常快乐。

"3年前，一场意外让我的左膝盖受伤。送进医院后，照了X光。然后医生来到我身旁，问我说，你以前是怎么走路的？他们认为这是个奇迹，因为我的臀部没有关节，也没有大腿窝，怎么能站得起来？过去的事又回到眼前，我活了60多年，竟然到现在才发现自己臀部没有关节和大腿窝！

"医生们担心，我左膝盖再次受伤，加上年事已高，大概无法再走路了。但是上帝却又再度伸出援助之手。令所有人惊讶的是，我竟又站起来了！我现在还在工作，替一位上班的寡妇照顾4个小孩。我自己也失去了丈夫，为了抚养小孩，不得不辛苦地工作。我丈夫在1919年患流感去世了。当时两个女儿还小，一个儿子在先生去世后两个月才出世。我跪在地板上擦地擦了17年，可是这辈子没生过病，我也不知道什么是头痛。"

上帝所赋予人的精力是巨大的。只要多努力一点，放下对生活的怨恨和抱怨，就可以获取这些能量，就像汽车的加速器一样，只要我们用力踩下去，便会产生巨大的冲力。人也是一样，只是我们多督促自己一些，便会发现自己潜藏着无限精力。我们很少推动自己穿透疲乏的层面，发掘下面隐藏的潜力。真正去推动自己，必会得到惊人的效果。

四、笑对挫折：不要轻易被困境打倒

真诚地帮助别人

20世纪50年代初期，有个叫丹尼尔的年轻人，从美国西部一个偏僻的山村来到纽约。走在繁华的都市街头，啃着干硬冰冷的面包，他发誓一定要闯出一片属于自己的天空。

然而，对于没有进过大学校门的丹尼尔来说，要想在这座城市里找到一份称心如意的工作简直比登天还难：几乎所有的公司都拒绝了他的求职请求。

就在他心灰意冷之时，有一天，他接到一家日用品公司让他前往面试的通知。他兴冲冲地前往面试，但是面对主考官有关各种商品的性能和如何使用的提问，他吞吞吐吐一句话也答不出来。说实话，摆在他眼前的许多东西他从未接触过，有的连名字都叫不出来。

眼看唯一的机会就要消失，在转身退出主考官办公室的一刹那，丹尼尔有些不甘心地问："请问阁下，你们到底需要什么样的人才"？

主考官彼特微笑着告诉他："这很简单，我们需要能把仓库里的商品销售出去的人。"

回到住处，回味着主考官的话，丹尼尔突然有了奇妙的感想：不管哪个地方招聘，其实都是在寻找能够帮自己解决实际问题的人。既然如此，何不主动出击，去寻找那些需要帮助的人？他想，总有一种帮助是他能够提供的。

不久，在当地一家报纸上，登出了一则颇为奇特的启事。文中有这样一段话：……谨以我本人人生信用作担保，如果你或者贵公司遇到难处，如果你需要得到帮助，而且我也正好有这样的能力给予帮助，我一定竭力提供最优质的服务……

让丹尼尔没有料到的是，这则并不起眼的启事登出后，他接到了许多来自不同地区的求助电话和信件。

原本只想找一份适合自己工作的丹尼尔，这时又有了更有趣的发现：老约翰为自己的花猫咪生下小猫照顾不过来而发愁，而凯茜却为自己的宝贝女儿吵着要猫咪找不到卖主而着急；北边的一所小学急需大量鲜奶，而东边的一处牧场却奶源过剩……诸如此类的事情一一呈现在他面前。

丹尼尔将这些情况整理分类，一一记录下来，然后毫不保留地告诉那些需要帮助的人。而他，也在一家需要市场推广员的公司找到了适合自己的工作。不久，一些得到他帮助的人给他寄来了汇款，以表谢意。

据此，丹尼尔灵机一动，辞了职，注册了自己的信息公司，业务越做越大，他很快成为纽约最年轻的百万富翁之一。

成功无定律，幸运从来不主动光顾你，要靠自己去寻找。有时候，给别人帮助的同时，其实也为自己创造了最好的成功机会。

走出"环境"的阴影

罗杰·罗尔斯是美国纽约州历史上第一位黑人州长，他出生在纽约声名狼藉的大沙头贫民窟。这里环境肮脏，充满暴力，是偷渡者和流浪汉的聚集地。在这儿出生的孩子，耳濡目染，他们之中很多人从小就逃学、打架、偷窃甚至吸毒，长大后很少有人从事体面的职业。然而，罗杰·罗尔斯是个例外，他不仅考入了大学，而且成了州长。在就职记者招待会上，一位记者对他提问：是什么把你推向州长宝座的？面对300百多名记者，罗尔斯对自己的奋斗史只字未提，只谈到了他上小学时的校长——皮尔·保罗。

四、笑对挫折：不要轻易被困境打倒

1961年，皮尔·保罗被聘为诺必塔小学的董事兼校长。当时正值美国嬉皮士流行的时代，他走进大沙头诺必塔小学的时候，发现这儿的穷孩子比"迷惘的一代"还要无所事事。他们不与老师合作，旷课、斗殴，甚至砸烂教室的黑板。皮尔·保罗想了很多办法来引导他们，可是没有一个是有效的。后来他发现这些孩子都很迷信，于是在他上课的时候就多了一项内容——给学生看手相。他用这个办法来鼓励学生。

当罗尔斯从窗台上跳下，伸着小手走向讲台时，皮尔·保罗说："我一看你修长的小拇指就知道，将来你是纽约州的州长。"当时，罗尔斯大吃一惊，因为长这么大，只有他奶奶让他振奋过一次，说他可以成为5吨重的小船的船长。这一次，皮尔·保罗先生竟说他可以成为纽约州的州长，着实出乎他的预料。他记下了这句话，并且相信了它。

从那天起，"纽约州州长"就像一面旗帜，罗尔斯的衣服不再沾满泥土，说话时也不再夹杂污言秽语。他开始挺直腰杆走路，在以后的40多年间，他没有一天不按州长的身份要求自己。51岁那年，他终于成了州长。

人生没有目标，就会随波逐流。树立明确的目标，同时努力进取，才能创造人生的奇迹。

失败了也要昂首挺胸

巴西足球队第一次赢得世界杯冠军回国时，专机一进入国境，16架喷气式战斗机立即为之护航，当飞机降落在道加勒机场时，聚集在机场上的欢迎者达3万人。从机场到首都广场不到20公里的道路上，自动聚集起来的人群超过了100万。多么宏大和激动人心的场面！然而前一届的欢迎仪式却是另一番景象。

1954年，巴西人都认为巴西队能获得世界杯赛冠军。可是，天有不测风云，在半决赛中巴西队却意外地败给法国队，结果那个金灿灿的奖杯没有被带回巴西。球员们悲痛至极。他们想，去迎接球迷的辱骂、嘲笑和汽水瓶吧，足球可是巴西的国魂。

　　飞机进入巴西领空，他们坐立不安，因为他们的心里清楚，这次回国凶多吉少。可是当飞机降落在首都机场的时候，映入他们眼帘的却是另一种景象。巴西总统和两万名球迷默默地站在机场，他们看到总统和球迷共举一条大横幅，上书：失败了也要昂首挺胸。

　　队员们见此情景顿时泪流满面。总统和球迷们都没有讲话，他们默默地目送着球员们离开机场。4年后，他们终于捧回了世界杯奖杯。

　　人不可能永远都是成功者，人也不可能永远都是失败者。面对失败，人们会从中吸取很多教训，为下一次成功打下基础；面对失败者，我们也不要苛求，应该给予更多的信任与支持。善待失败者是对失败的最大轻蔑。

五、调整心态：

让健康的心态给生活带来阳光

> 心态不好的人，喜欢斤斤计较，容易着急上火，即使物质上并不比别人缺少什么，但精神上总是紧张兮兮，自然是哭的时候多，笑的日子少。而健康的心态是一缕阳光，即使在寒冷的冬天，你也能感受到温暖。

"报复"丈夫的办法

一位女士愤愤不平地告诉善导大师，她恨透了她的丈夫，因此非离婚不可。

善导大师向她建议："既然已经走到这个地步，我劝你尽量想办法恭维他、讨好他。当他觉得不能没有你，并且以为你深爱他时，你再断然跟他离婚，让他痛苦不堪。"女士觉得善导大师不愧为智者，给她出的点子真是绝妙。

几个月过后，女士又回来找善导大师，说一切都进行得很好。善导大师说："行了，现在你们可以办理离婚了！"

她说："什么？离婚，才不呢！现在我从心里爱着我的丈夫了！"

爱、希望和耐心是幸福之源。爱换来爱，爱让希望添上翅膀，使内心永远充满活力。爱即仁慈、宽厚；爱即坦率、真诚。一切美好的东西都源于爱。爱是光明的使者，是幸福的引路人。爱是"照耀在茫茫草原上的一轮红日，是百花丛中的绚丽阳光"。无数欢快的念头都从爱的呼唤中翩翩而来。爱是无价的，但它并不花费任何东西。爱为自己的拥有者祈神赐福，一个心中拥有爱的人，幸福总会伴随他，爱与幸福是不可分割的。因为爱，痛苦会化为幸福，伤心的泪水也会化作甘泉。

自己若不气，哪里还有气

一位老妇人脾气十分古怪，经常为一些无关紧要的小事大发雷霆，而且生气的时候说话很恶毒，常常无意中伤害别人。因此，她与周围的

五、调整心态：让健康的心态给生活带来阳光

人相处都不太融洽。她也很清楚自己的脾气不好，也很想改，可是火气上来时，她就是没有办法控制自己。

一次，朋友告诉她："附近有一位得道高僧，为什么不去找他为你指点迷津呢？说不定他可以帮你。"她觉得有点道理，于是就抱着试一试的态度去找那位高僧了。

当她向高僧诉说自己的心事时，态度十分恳切，强烈地渴望能从高僧那儿得到一些启示。高僧默默地听她诉说，等她说完，就带她来到一间禅房，然后锁上门，一言不发地离去了。

这位老妇人本想从禅师那里得到一些启示，可是没有想到禅师却把她关在又冷又黑的禅房里。她气得直跳脚，并且破口大骂，但是无论她怎么骂，大师都不理睬她。老妇人实在受不了了，于是开始哀求大师放了她，可是大师仍然无动于衷，任由她自己说个不停。

过了很久，禅师终于听不到房间里的声音了，于是就在门外问："你还生气吗？"

老妇人恶狠狠地回答道："我只是生自己的气，很后悔自己听信别人的话，干吗没事找事地来到这种鬼地方找你帮忙。"

禅师听完，说道："你连自己都不肯原谅，怎么会原谅别人呢？"说完转身就走了。

过了一会儿，高僧又问："还生气吗？"

老妇人说："不生气了。"

"为什么不生气了呢？"

"我生气又有什么用？还不是被你关在这又冷又黑的禅房里吗？"

禅师有点担心地说："其实这样会更可怕，因为你把气全部压在了一起，一旦爆发会比以前更强烈的。"于是又转身离去了。

等到禅师第三次来问她的时候，老妇人说："我不生气了，因为你不值得我生气。"

"你生气的根还在，你还是不能摆脱出来！"禅师说道。

又过了很久，老妇人主动问禅师："大师，您能告诉我气是什么吗？"

高僧还是不说话，只是看似无意地将手中的茶水倒在地上。老妇人终于明白：原来，自己不气哪里来的气？心地透明，了无一物，何气之有？

佛祖告诫我们："嗔心一起，于人无益，于己有损；轻易心意烦躁，重则肝目受伤。"

我们不能做一个聪明人，但至少不要去做一个愚人。把生活中不如意的一些小事看得淡一点，并能在静观中有所收益，悟得生活中的种种禅机，我们就不会活得太累，活得不开心了。

心就是快乐的根

据说，终南山出产一种快乐藤。凡是得到此藤的人，一定会喜形于色，笑逐颜开，不知道烦恼为何物。曾经有一个人，为了得到无尽的快乐，不惜跋山涉水，去找这种藤。他历尽千辛万苦，终于来到了终南山。可是，他虽然得到了这种藤，仍然觉得不快乐。

这天晚上，他到山下的一位老人家里借宿，面对皎洁的月光，不由得长吁短叹。

他问老人："为什么我已经得到了快乐藤，却仍然不快乐呢？"

老人一听乐了，说："其实，快乐藤并非终南山才有，而是人人心中都有，只要你心里充满欢乐，无论天涯海角，都能够得到快乐。心就是快乐的根。"

这人恍然大悟。人生一世，草木一秋，能够快快乐乐地活一生，是

五、调整心态：让健康的心态给生活带来阳光

每个人心中的梦想。但是怎样才能求得快乐呢？那就是要清醒地知道快乐之道的根本在我们自己。

人的心灵是最富足的，也是最贫乏的。不同的人之所以对生活的苦乐有着不同的感受是因为心灵的富足和贫乏。内心的快乐才是快乐之道。

甜蜜的樱桃

有个失意的人爬上一棵樱桃树，准备从树上跳下来，结束自己的生命。就在他决定往下跳时，学校放学了。

成群放学的小学生走过来，看到他站在树上。一个小学生问他："你在树上做什么？"

总不能告诉小孩我要自杀吧。于是他说："我在看风景。"

"你有没有看到身旁有许多樱桃？"小学生问。

他低头一看，原来他自己一心一意想要自杀，根本没有注意到树上真的结满了大大小小的红色樱桃。

"你可不可以帮我们采樱桃？"小朋友们说，"你只要用力摇晃，樱桃就会掉下来了。拜托啦，我们爬不了那么高。"

失意的人有点不耐烦，可是又违拗不过小朋友，只好答应帮忙。他开始在树上又跳又摇的，很快地，樱桃纷纷从树上掉下来。地面上也聚集了越来越多放学的小朋友，都兴奋而又快乐地捡食着樱桃。

经过一阵嬉闹之后，樱桃掉得差不多了，小朋友也渐渐散去了。

失意的人坐在树上，看着小朋友们欢乐的背影，不知道为什么，自杀的心情和气氛全都没有了。他采了些周遭还没掉到地上的樱桃，无可奈何地跳下了樱桃树，拿着樱桃慢慢走回家里。

他回到家，仍然是那个破旧的家，一样的老婆和小孩。可是孩子们却非常高兴爸爸能带着樱桃回来。当他们一起吃过晚餐，他看着大家快乐地吃着樱桃时，忽然有一种新的体会和感动，他心里想着，这样的人生也还是充满了快乐和幸福的呀。

人生的苦与乐都是由自己感悟的，当你看到明媚的阳光，快乐的感觉也就随之而来，因为阴天的时候毕竟是少数的。何苦只看消极且无法控制的那一面呢？

快乐的钥匙

一个烦恼少年四处寻找解脱烦恼之法。

这一天，他来到一个山脚下。只见一片绿草丛中，一位牧童骑在牛背上，吹着横笛，逍遥自在。

烦恼少年看到了很奇怪，走上前去询问："你能教给我解脱烦恼的方法吗？"

"解脱烦恼？嘻嘻！你学我吧，骑在牛背上，笛子一吹，什么烦恼也没有啦。"牧童说。

烦恼少年试了一下，没什么改变，他还是不快乐。

于是他又继续寻找。走啊走啊，不觉来到一条河边。岸上垂柳成荫，一位老翁坐在柳荫下，手持一根钓竿，正在垂钓。他神情怡然，自得其乐。

烦恼少年又走上前问老翁："请问老翁，您能赐我解脱烦恼的方法吗？"

老翁看了一眼面前忧郁的少年，对他说："来吧，孩子，跟我一起钓鱼，保管你没有烦恼。"

五、调整心态：让健康的心态给生活带来阳光

烦恼少年试了试，还是不灵。

于是，他又继续寻找。不久，他路遇两位在路边石板上下棋的老人，他们怡然自得，烦恼少年又走上去寻求解脱之法。

"喔，可怜的孩子，你继续向前走吧，前面有一座方寸山，山上有一个灵台洞，洞内有一位老人，他会教给你解脱之法的。"老人一边说，一边下着棋。

烦恼少年谢过下棋老者，继续向前走。

到了方寸山灵台洞，果然见一长髯老者独坐其中。

烦恼少年长揖一礼，向老人说明来意。

老人微笑着摸摸长髯，问道："这么说你是来寻求解脱的？"

"对对对！恳请前辈不吝赐教，指点迷津。"烦恼少年说。

老人答道："请回答我的提问。"

"有谁捆住你了吗？"老人问。

"……没有。"烦恼少年先是愕然，尔后回答。

"既然没有人捆住你，又谈何解脱呢？"老人说完，摸着长髯，大笑而去。

烦恼少年愣了一下，想了想，有些明白了：是啊！又没有任何人捆住了我，我又何须寻找解脱之法呢？我这不是自寻烦恼，自己捆住自己了吗？打开快乐之门的钥匙就握在我们自己的手中，没有人能够左右你的思想，如果你自己找不到生活的乐趣，别人也不可能帮上你什么忙，因为他不可能把自己的意志强加于你。境由心造，要想过得快乐，就只能依赖自己。

快乐是"比"出来的

有一位贫穷的人向禅师哭诉:"禅师,我生活得并不如意,房子太小、孩子太多、太太性格暴躁。您说我应该怎么办?"

禅师想了想,问他:"你们家有牛吗?"

"有。"穷人点了点头。

"那你就把牛赶进屋子里来饲养吧。"

一个星期后,穷人又来找禅师诉说自己的不幸。

禅师问他:"你们家有羊吗?"

穷人说:"有。"

"那你就把它放到屋子里饲养吧。"

过了几天,穷人又来诉苦。禅师问他:"你们家有鸡吗?"

"有啊,并且有很多只呢。"穷人骄傲地说。

"那你就把它们都带进屋子里吧。"

从此以后,穷人的屋子里便有了七八个孩子的哭声、太太的呵斥声、一头牛、两只羊、十多只鸡。三天后,穷人就受不了了。他再度来找禅师,请他帮忙。

"把牛、羊、鸡全都赶到外面去吧!"禅师说。

第二天,穷人来看禅师,兴奋地说:"太好了,我家变得又宽又大,还很安静呢!"

好与坏是相对的,没有绝对的好,也没有绝对的坏。对待生活,要有适应能力,任何人都无法拥有绝对的快乐。有时放宽心态,换个角度,会发现即使是困境也有让人欣慰和满意的一面。

五、调整心态：让健康的心态给生活带来阳光

心中有景

　　南山下有一庙，庙前有一株古榕树。一日清晨，一小和尚来洒扫庭院，见古榕树下落叶满地，不禁忧从中来，望树兴叹。忧至极处，便丢下笤帚至师父的堂前，叩门求见。

　　师父闻声开门，见徒弟愁容满面，以为发生了什么事，急忙询问："徒儿，大清早为何事如此忧愁？"

　　小和尚满面疑惑地诉说："师父，你日夜劝导我们勤于修身悟道，但即使我学得再好，人总难免有死亡的一天。到那时候，所谓的我，所谓的道，不都如这秋天的落叶，冬天的枯枝，随着一抔黄土青冢而湮没了吗？"

　　老和尚听后，指着古榕树对小和尚说："徒儿，不必为此忧虑。其实，秋天的落叶和冬天的枯枝，在秋风刮得最急的时候、在冬雪落得最密的时候，都悄悄地爬回了树上，孕育成了春天的叶、夏天的花。"

　　"那我怎么没有看见呢？"

　　"那是因为你心中无景，所以看不到花开。"

　　面对落叶凋零而去憧憬含苞待放，这需要有一颗不朽的年轻的心，一颗乐观的心。只要心中有景，何处不是花香满园？

快乐需要用自己的眼睛去发现

　　一次，景岑禅师出去布道。傍晚时分，他看到一位孕妇背着一只竹篓走过，她的衣服破旧，脚上落满尘土，竹篓似乎很重，压得她都直不

起腰来。她的左手牵着一个小女孩,右臂抱着一个更小的孩子,匆忙地赶路。

景岑禅师以为,这样沉重的生活一定会让这位妇人不堪重负,可是她的脸上却有着像明月一样温婉的笑容。

她只是一个普通的女人,为了生活辛苦地奔波。但是她自己有所追寻,所以不但没有觉得劳苦,反而感觉到十分充实而且快乐。能微笑着对待生活的艰辛,可见她有一种良好的心态,她的心境是平和的。

看到这些,景岑禅师非常感动,心想:"世人若都能这样生活,哪还会有什么烦恼呀?也不需要佛祖来普度众生了。"

我们每个人都有自己的生活,都有选择精彩人生的机会,关键在于你有没有一颗感受快乐的心,这是属于你的权利,没有人能够控制或夺去。如果你能时时用心感受快乐,你生命中的其他事情都会变得容易许多。

保持一颗清净的心

有一位虔诚的佛教信徒,每天都从自家的花园里,采撷鲜花到寺院供佛。

一天,这位信徒正送花到佛殿时,碰巧遇到无德禅师从法堂出来。无德禅师非常欣喜地说道:"你每天都这么虔诚地以鲜花供佛,来世当得庄严相貌的福报。"

信徒非常欢喜地回答道:"这是应该的,我每天来寺礼佛时,自觉心灵就像洗涤过似的清凉,但回到家中,心就烦乱了。我这样一个家庭主妇,如何在喧嚣的城市中保持一颗清净的心呢?"

无德禅师反问道:"你以鲜花献佛,相信你对花草总有一些常识,

我现在问你，你如何保持花朵的新鲜呢？"

　　信徒答道："保持花朵新鲜的方法，莫过于每天换水，并且在换水时把花梗剪去一截。因为花梗的一端在水里容易腐烂，腐烂之后，水分就不易吸收，就容易凋谢！"

　　无德禅师道："保持一颗清净的心，其道理也是一样。我们生活的环境像瓶里的水，我们就是花，唯有不停净化我们的身心，并且不断地检讨，改进陋习、缺点，才能不断吸收到大自然的食粮。"

　　信徒听后，欢喜地作礼，并且感激地说："谢谢禅师的开示，希望以后有机会亲近禅师，过一段寺院中禅者的生活，享受晨钟暮鼓、菩提梵呗的宁静。"

　　无德禅师道："你的呼吸便是梵呗，脉搏跳动就是钟鼓，身体便是庙宇，两耳就是菩提，无处不是宁静，又何必等机会到寺院中生活呢？"

　　是啊，热闹场中亦可做道场；只要自己丢下妄缘，抛开杂念，哪里不可宁静呢？如果妄念不除，即使住在深山古寺，一样无法修行。

　　正如六祖慧能所说：不是风动、不是幡动，是人的心在动。心才是无法宁静的本源。

以平常心交友

　　黛博拉坐在客厅里紧握着拳头气愤地说："我永远也改不了，我一错再错！"

　　黛博拉所指的是她一次又一次地听从她的朋友嘉莉劝她做这做那。这一回，她听了嘉莉的意见，把她的厨房糊上一层最新式的红白条墙纸。"我们一块去商店选中了这种墙纸，因为嘉莉喜欢这一种，说这墙纸能使整个房间活跃起来。我听了她的话。而现在，是我在这个蜡烛条式的"牢房"里做饭。我讨厌它！我怎么也不习惯。"她感到，这一折腾既花费了钱，又一时无法改变。

黛博拉意识到自己不仅是对选墙纸一事愤怒，而且气愤自己又受了嘉莉意志的摆布。

同样也是嘉莉，说黛博拉的儿子太胖了，劝她叫儿子节食。她还说她的房子太小，使她为此又花了一笔钱。

黛博拉问题的关键在于要学会尊重自己的意见，自己要有主见。过去她的意见总要事先受嘉莉的审查或者某个类似嘉莉的人物的审查。后来她有了进步，尽管嘉莉说那双鞋的跟"太高，价也太贵"，她还是买了那双高跟鞋。黛博拉回忆说："我差点又让她说服了。但我还是买了，因为我喜欢，您可以想象当时嘉莉的脸色多难看！"最有趣的是，最后嘉莉自己也买了一双同样的鞋，因为鞋样式很时髦。

黛博拉现在所做的调整只是与另一个女人的关系的界限。她仍然把嘉莉当做好朋友。

并不是每个人都有类似的朋友，在特殊情况下，有的人愿意受朋友的控制，是因为她缺乏主见，产生了对朋友的依赖，而过分的依赖会让朋友产生反感。

苏珊是位年轻妇女，她愿意让一位朋友摆布她的生活。与黛博拉不同的是，苏珊却是主动要求受控制。当她的垃圾处理装置出毛病后，她给好朋友玛莎打电话，问她怎么办。订阅的杂志期满后，她也去问玛莎是否再继续订。有时她不知晚饭该吃什么时，也给玛莎挂电话问她的意见。玛莎一直像个称职的母亲一样，直到有一天出了乱子。那天，玛莎的一个儿子摔了一跤，衣袖给划了个口子，需要缝针。苏珊又打电话问问题了，由于非常疲倦，玛莎严厉地说道："天哪！看在上帝的份上，苏珊，您就不能自己想想办法？就这一次！"说完就挂了电话。

苏珊对玛莎的拒绝感到迷惑不解，她说："我还以为玛莎是我的朋

友呢。"

过分的依赖会损害你和朋友的关系,而且是双方的,朋友并非父母,他们没有指导和保护你的义务,他们能给你支持,但不可能包办代替,你必须清楚,他只不过是朋友而已。你自己不能做决定,缺乏主见,就会使你受到朋友正确或错误的意见的影响。为此,你应该立刻决定,逐渐摆脱对朋友的依赖。

朋友是人生的宝贵财富,要想与朋友保持良好的交情就必须掌握一定的交友艺术。朋友和你的关系是平等的,互助的,不要把朋友当成你的衣食父母,事事寻求依赖,那样只会让朋友认为你是一个缺乏主见的人,时间长了必会对你产生反感;另一方也不要事事为朋友操心,将自己的意见强加给对方,两个太相似的人注定不会有太大的吸引力,正是因为有了差异,才有了交往的兴趣。以一种平衡的心态对待自己的朋友,只有这样,你们的友谊才会地久天长,这是每个人都需要参悟的禅机。

不要期待完美

一位方丈想从两个徒弟中选一个做衣钵传人。

一天,方丈对徒弟说:"你们出去给我捡一片最完美的树叶。"两个徒弟遵命而去。

时间不久,大徒弟回来了,递给方丈一片并不漂亮的树叶,对师父说:"这片树叶虽然并不完美,但它是我看到的最完整的树叶。"

二徒弟在外转了半天,最终空手而归,他对师父说:"我见到了很多很多的树叶,但怎么也挑不出一片最完美的……"

最后,方丈把衣钵传给了大徒弟。

现实生活中女人要寻找的往往是才貌双全的"白马王子",男人寻找的则是美貌无双的"人间尤物",他们寄予爱情与婚姻太多的浪漫,这种过于理想化的憧憬,往往会被生活的现实击打得粉碎。

其实,十全十美的人在现实生活中根本不存在,有些人,特别是女性,往往容易一味沉醉于罗曼史所带给她们的短暂刺激之中。其实爱情可以让人创造奇迹,也可以令人陷入盲目,要知道美满的爱情不是那些日思夜想的白日梦,而且即使再美丽的梦想也不过是一个梦而已。脱离实际的幻想,超乎现实的理想化,往往使爱情失去真正的色彩。

以平常心泰然处之

有一个人曾经问慧海禅师:"禅师,你可有什么与众不同的地方吗?"

慧海禅师答道:"有!"

"那是什么?"这个人问道。

慧海禅师回答:"我感觉饿的时候就吃饭,感觉疲倦的时候就睡觉。"

"这算什么与众不同的地方,每个人都是这样的呀,有什么区别呢?"这个人不屑地说。

慧海禅师答道:"当然是不一样的了!"

"这有什么不一样的?"那人问道。

慧海禅师说:"他们吃饭的时候总是想着别的事情,不专心吃饭;他们睡觉的时候也总是做梦,睡不安稳。而我吃饭就是吃饭,什么也不想;我睡觉的时候从来不做梦,所以睡得安稳。这就是我与众不同的地方。"

五、调整心态：让健康的心态给生活带来阳光

慧海禅师继续说道："世人很难做到一心一用，他们总是在利害得失中穿梭，囿于浮华的宠辱，产生了'种种思量'和'千般妄想'。他们在生命的表层停留不前，这成为他们最大的障碍，他们因此而迷失了自己，丧失了'平常心'。要知道，生命的意义并不是这样，只有将心融入世界，用平常心去感受生命，才能找到生命的真谛。"

《小窗幽记》中有这样一副对联："宠辱不惊，看庭前花开花落；去留无意，望天上云卷云舒。"寥寥几字便足可看出作者的心境：无论何时何地，以平常心泰然处之，任世间起伏变化，我独守一寸心灵的净土，幽然独坐，外物的一切皆不能打扰我的内心。这就是人生入世时的境界，唯有如此方能从入世中的有我之境达到出世时的无我之境。

持一颗平常心，不为虚荣所诱，不为权势所惑，不为金钱所动，不为美色所迷，不为一切的浮华沉沦。

金子与石头

有个守财奴把自己的全部家当换成了一块金子，把它埋在墙角下的一个洞里，而且每天都要看一次。由于他总要去那里，渐渐地引起了别人的注意，发现了这个秘密，终于趁他不备偷走了金子。守财奴再去时，金子已经不在，于是他放声大哭。

明醒大师见他如此难过，就安慰他说："金子埋在那里不用，和石头有什么分别，这样吧，你再埋一块石头在那里，拿它当金子不就行了吗？"

金子如果放置不用，自然无法发挥作用，无异于石头一块，所以明醒大师所说的确实很有道理。可是守财奴偏偏就想不通。

重要的是心

千利休是日本茶道的鼻祖，同时又是有名的一休禅师的得意弟子，他当时在日本的社会地位非常尊贵。

有一次，宇治这个地方一个名叫上林竹庵的人邀请千利休参加自己的茶会。千利休答应了，并带众弟子前往。

竹庵非常高兴，同时也非常紧张。在千利休和弟子们进入茶室后，他开始亲自为大家点茶。但是，由于他太紧张了，点茶的手有些发抖，致使茶盒上的茶勺跌落，茶筅倒下，茶筅中的水溢出，显得十分不雅。千利休的弟子们都暗暗在心里窃笑。

可是，茶会一结束，作为主客的千利休就赞叹说："今天茶会主人的点茶是天下第一。"

弟子们都觉得千利休的话不可思议，便在回去的路上问千利休："那样不恰当的点茶，为什么是天下第一？"

千利休回答说："那是因为竹庵为了让我们喝到最好的茶，一心一意去做的缘故。所以，他没有留意是否会出现那样的失败，只管一心做茶。这种心意是最重要的。"

对于茶道来说，重要的是心。不管多么漂亮的点茶，多么高贵的茶具，没有心的真诚，就没有任何意义。

一切都将过去

有一位富翁整日闷闷不乐、愁眉不展。

一天，富翁贴出告示：谁能够给完美人生一个准确答案，而这个答

五、调整心态：让健康的心态给生活带来阳光

案必须能够适用于任何一种情况，包括失意、得意、快乐、烦恼、成功、失败……

几天里来了许多人给出了许多答案，但没有一个答案令富翁满意。

这一天，来了一位尼姑。她对富翁说："三天内我一定可以给你一个完美而又令你满意的答案。"

三天后，尼姑送给富翁一张纸条，只见上面写着："一切都将过去。"

人生本来就有起有落、有得有失、有好有坏，这原本是生命的常态，然而这一切都将过去。所以在逆境时，千万不要自暴自弃，在顺境时，也绝对不可得意忘形。

都是人生的旅客

有一次，正在云游宣扬佛法的憨山大师迷了路，不知走了多久，才在漆黑的夜空见到一盏灯火。他定睛一看原来是一户人家，立刻兴奋地奔上前去请求借宿。

"我家又不是旅店！"屋主听到他所提出借宿一晚的要求后，立刻板着脸拒绝。

"我只要问你三个问题，就可以证明这屋子就是旅店！"憨山大师笑着说道。

"我不信，倘若你能说服我，我就让你进门。"屋主也爽快地回答。

"在你以前谁住在此处？"

"家父！"

"在令尊之前，又是谁当主人？"

"我祖父！"

"如果施主过世，它又是谁的呀？"

"我儿子！"

"这不就结了！"憨山大师笑道，"你不过也是暂时居住在这儿，也像我一样是旅客。"

当晚他就在屋里舒舒服服地睡了一觉。

对于人生来说，我们每个人都是人生的旅客。好好地珍惜现在，就是人生最大的收获，把握住眼下的时光，也就是最大的成功。

完美是一声叹息

完美是一种罪过，它会让人失去所有憧憬和希望、动力和志气。所以，上帝在塑造出完美后，懊悔地将它毁灭了。

这个世界上没有让我们惊呼为完美的东西，也不存在神仙一样的完人。但在认识自我，看待别人的具体问题上，许多人仍然习惯于追求完美，求全责备，对自己要求样样都是，既搞得自己疲惫不堪，又难以和普通人打成一片，失去了获得友情的机会。

其实那些英雄、名人并不是那么光彩夺目、无可挑剔的，任何人都有优点和缺点。

美国大发明家爱迪生，有过1000多项发明，被誉为发明大王，但他在晚年却固执地反对交流输电，一味主张直流输电。

电影艺术大师卓别林创造了生动而深刻的喜剧形象，但他却极力反对有声电影。

人是可以认识自己、操纵自己的，人的自信不仅是相信自己有能力有价值，同时也相信自己有缺点毛病。我们放弃了完美，就会明白我们每个人的两重性是不可改变的。所以，我们应当保持这样一种心态和感

五、调整心态：让健康的心态给生活带来阳光

觉，既知道自己的长处优点，也知道自己的短处缺点，既知道自己的潜能和心愿，也知道自己的困难和局限，自己永远具有灵与肉、好与坏、真与伪、友好与孤独、坚定与灵活等等的两重性。

可这世界上偏偏就有倡导完美主义的人，而且数量不少。他们往往不愿意接受自己或他人的弱点和不足，非常挑剔。有的人没有什么好朋友，总也找不着对象，和谁也合不来，经常换单位，为什么？那是因为他谁也看不上，甚至会因为别人的一些小毛病，而忽略了别人的主要的优点。有的人不允许自己在公共场合讲话时紧张，更不能容忍自己紧张时不自然的表情，一到发言时就拼命克制自己的紧张，结果越发紧张，形成恶性循环。有的人不允许自己身体有丝毫不舒服，经常怀疑自己得了重病，经常去医院检查。其实，每个人都有缺点和不足，都会有紧张、不适的体验，这是正常的表现，必须学会接受它们，顺其自然。如果非要和自然规律抗拒，必然会愈抗愈糟。

完美主义的人表面上很自负，内心深处却很自卑。因为他很少看到优点，总是关注缺点，总是不知足，很少肯定自己，自己就很少有机会获得信心，当然会自卑了。不知足就不快乐，痛苦就常常跟随着他，周围的人也一样不快乐。学会欣赏别人和欣赏自己是很重要的，是使人更进一步实现下一个目标的基石。

完美主义的人容易只顾细节而忘记了主要目标，让别人觉得他捡了芝麻丢了西瓜。工作常常因此而没有效率。许多时候你要让自己"豁出去"，所以日子过得紧张又痛苦。

完美主义性格的形成和早期教育有很大关系，但成年后还是可以有意识的调整的，你要学会对自己和他人睁一只眼闭一只眼，对一些事不要太较真、钻牛角尖，这样才能看到生活中美好的东西。

有一本美国出版的书，书名是《我不完美，你也不完美——这样挺好的》。你可能没有机会阅读它的内容，不过只要认真体味一下书名也

就够了。乔丹也不能保证百分之百投篮命中，可他仍然是最棒的，因为他总是能够很好地把握方向，偶尔失误也不会阻止他不断进取的步伐。

谁都不可能十全十美。"完美"这个名词只是一个理想的概念，是对我们的诱惑，是种让人产生努力完善自我勇气的鼓励。只要我们不断地提高和完善了，朝着那个梦中的目标一步又一步地贴近了，就可以潇洒地说，这很完美。

烦恼如沙

佛门有句名偈：世上本无事，庸人自扰之。与其让烦恼揉搓得肝肠寸断，何不把它写在沙滩上让包容一切的潮水将其抚慰得平平整整呢？看着烦恼消失的背影回首张望，温柔的春光早已爬上二月柳梢头。

小灰对自己在北京读大学时的一段经历耿耿于怀：

有一回在学校附近碰见一个大姐站在大树底下兜售布袋——一种长方形单面有图案的纯棉购物口袋，价钱相当便宜，只售一元。于是他一口气买了5个。

布袋拿回宿舍，同学都纷纷询问在哪捡到的宝，都跃跃欲试去买几个回来。不料一位细心的同学蓦然惊呼："怎么上面有个'死'字！"定睛一看，布袋的图案四周原来还环着一圈外文，几个较长的单词不认识，字典里也没有，中间一个"die"却赫然触目惊心！再细看图案本身，几个简单而形状怪异的色块拼凑在一起，谁也辨不出那究竟是什么。

"我说这么便宜！""准是邪教的图腾！""巫婆！""咒语！"同学们大呼小叫。

虽说小灰向来不信邪，照用不误，但挎着口袋上街时还是小心地把有图案的一面向里,以免引来旁人注目。有次他要寄衣物回家,那口袋是再好不过的包裹,但瞅着那个碍眼的"die",心里仍有些别扭,总不能往家里寄去一份不祥吧?后来想出个好主意,用同色的彩笔在"die"后面加上"t",成"饮食、节食"之意。自忖破去一劫,顿时心安理得。

直至一年后,结识了一个外语学院的朋友,"咒语"之谜方水落石出:那句奇怪的外文其实是德语。"die"是德语中一个再普通不过的冠词,发音为"地",用法相当于英语"the",专用以修饰阴性名词,"咒语"全句的意思是"保护世界环境"。

恍然悟过之后回头再看那神秘的图案,原来竟是世界七大洲的板块!为了这个自寻烦恼几月,真让人哭笑不得!

佛家对烦恼的摆脱解释得最简单,也最洒脱。梵志到佛前献合欢梧桐花,佛陀对他说:"放下吧!"梵志放下左手的一株花,佛陀又说:"你放下吧!"梵志又放下右手的一株花,佛陀再说:"你放下吧!"

梵志说:"我现在两手都空了,还要放下什么呢?"

佛陀说:"我不是叫你放下花,而是教你放下从外境来的色、声、香、味、触、法六尘;从内心来的眼、耳、鼻、舌、身、意六根;以及六尘与六根相应所生的见识,把它们全部舍却,直到没有可舍的地方,才是你安身的地方。"

梵志当下彻悟。

简单的两株合欢梧桐花,包含着莫大的智慧,它闪烁的光芒足以让一个人大彻大悟,其实只用两个字就可以指点迷津,那就是:放下。放下,是一种束缚的解脱。只有体悟到永恒的真我,才能突破俗世的缠缚。六祖惠能在未修行出家之前,就已看清外在的束缚是没有意思的,唯有拨开一切外在的形式,才能体现物的本来,这才是真正的佛性。故而有一偈:"菩提本无树,明镜亦非台;本来无一物,何处惹尘埃。"

其实未开悟之前的佛祖和凡夫俗子一样，常常被恐惧、沮丧、愁苦、欲望、无知所束缚，所不同的是他们懂得放下，能超越束缚，最终达到一种自在的境界。

放下万物的附庸，方能显出真情灵性，放下水草的羁绊，方能透出湖水的清透。你要能放下烦恼，那自然的本色就会指引你过得精彩纷呈。

心中的花圃

美国黑人杰西克·库思是当时美国一家名不见经传的小报记者。因为种族歧视，在那家报社中也感到四面楚歌，受人排挤。与别人交往更成了他最头疼的事情。

那时，美国的石油大王哈默已蜚声世界，报社总编希望几位记者能采访到哈默，以提高报纸的声誉与卖点。

杰西克便在心底暗暗发誓，一定要独立完成稿子，以便让他们不敢轻视自己。

有一天深夜，杰西克终于在一家大酒店门口拦住哈默，并诚恳地希望哈默能回答他的几个简短的问题。

对杰西克的软磨硬缠，哈默没有动怒，只是和颜悦色地说："改天吧，我有要事在身。"

最后迫于无奈，哈默同意只回答他一个问题。杰西克想了想，问了他一个最敏感的话题："为什么前一阵子阁下对东欧国家的石油输出量减少了，而你最大的对手的石油输出量却略有增加。这似乎与阁下现在的石油大王身份不符。"

哈默依旧不愠不火，平静地回答道："关照别人就是关照自己。而

五、调整心态：让健康的心态给生活带来阳光

那些想在竞争中出人头地的人如果知道，关照别人需要的只是一点点的理解与大度，却能赢来意想不到的收获，那他一定会后悔不迭。关照，是一种最有力量的方式，也是一条最好的路。"

哈默离去后，杰西克怅然若失地呆站街头。他以为哈默只是故弄玄虚，敷衍自己。当然那次采访也没有收到预想的效果，他一直耿耿于怀，对哈默的那番不着边际的话更是迷惑不解。

直到10年后，他在有关哈默的报道中读到这样一段故事——在哈默成为石油大王之前，他曾一度是个不幸的逃难者。有一年冬天，年轻的哈默随一群同伴流亡到美国南加州一个名叫沃尔逊的小镇上，在那里，他认识了善良的镇长杰克逊。

可以说杰克逊对哈默的成功起了不可估量的作用。

那天，冬雨霏霏，镇长门前的花圃旁的小路便成了一片泥淖。于是行人就从花圃里穿过，弄得花圃里一片狼藉。哈默也替镇长痛惜，便不顾寒雨染身，一个人站在雨中看护花圃，让行人从泥淖中穿行。这时出去半天的镇长笑意盈盈地挑着一担煤渣铺在泥淖里。

结果，再也没人从花圃里穿过了。最后镇长意味深长地对哈默说："你看，关照别人就是关照自己，有什么不好？"

从那以后，杰西克与报社其他同事坦诚相处。他知道，理解和大度最容易缩短两颗敌视的心之间的距离，而关照就是两颗心之间最美的桥梁。

同事们不再排挤他了，亲切地喊他"黑蛋"。直到多年后，他卸下报社主编的重担，一人隐居乡间安享晚年的时候，围着他蹦蹦跳跳的不同肤色的孩子们也喊着他"黑蛋"，因为，他的邻居们真的已记不得他叫什么名字了。

每个人的心都是一个花圃，每个人的人生之旅就好比花圃前的小路。而生活的天空又不只是风和日丽，也有风霜雪雨。那些在雨路中前

行的人们如果能有一条可以顺利通过的路，谁还愿意去践踏美丽的花圃，伤害善良的心灵呢？

收藏阳光

从前，田野里住着田鼠一家。夏天快要过去了，他们开始收藏干果、稻谷和其他食物，准备过冬。只有一只田鼠例外，他的名字叫做弗雷德里克。

"弗雷德里克，你怎么不干活呀？"其他田鼠问道。

"我有活干呀！"弗雷德里克回答。

"那么，你收藏什么呢？"

"我收藏阳光、颜色和单词。"

"什么？"其他田鼠吃了一惊，相互看了看，以为这是一个笑话，笑了起来。

弗雷德里克没有理会，继续工作。

冬季来了，天气变得很冷很冷。

其他田鼠想到了弗雷德里克，跑去问他："弗雷德里克，你打算怎么过冬呢，你收藏的东西呢？"

"你们先闭上眼睛。"弗雷德里克说。

田鼠们有点奇怪，但还是闭上了眼睛。

弗雷德里克拿出第一件收藏品，说："这是我收藏的阳光。"

昏暗的洞穴顿时变得晴朗，田鼠们感到很温暖。

它们又问："还有颜色呢？"

弗雷德里克开始描述红的花、绿的叶和黄的稻谷，说得那么生动，田鼠们仿佛真的看到了夏季田野的美丽景象。

五、调整心态：让健康的心态给生活带来阳光

它们又问："那么，你的那些单词呢？"

弗雷德里克于是讲了一个动人的故事，田鼠们听得入了迷。

最后，它们变得兴高采烈，欢呼雀跃："弗雷德里克，你真是一个诗人！"

——阳光、颜色和单词！

收藏阳光、颜色和单词，收藏夏季美丽的景象，好在严冬来临之际温暖自己的心房，这是多么简单的道理，却又多么实在！

人生如四季，也有阴晴圆缺，无论何时何地，总难免有不愉快的事情发生。但是只要你选择了阳光，你的心灵就永远充满灿烂和温暖。

心态改变人生

人的心态是随时随地可以变化的。一个人心里想的是快乐的事，他就会变得快乐；心里想的是伤心的事，心情就会变得灰暗。

一个少妇去投河自尽，被正在河中划船的老艄公救上了船。

艄公问："你年纪轻轻的，为何寻短见？"

少妇哭诉道："我结婚两年，丈夫就遗弃了我，接着孩子又不幸病死。你说，我活着还有什么乐趣？"

艄公又问："两年前你是怎么过的？"

少妇说："那时候我自由自在，无忧无虑。"

"那时你有丈夫和孩子吗？"

"没有。"

"那么，你不过是被命运之船送回到了两年前，现在你又自由自在，无忧无虑了。"

少妇听了艄公的话，心里顿时敞亮了，便告别艄公，高高兴兴地跳

上了对岸。

美国著名的心理学家威廉·詹姆斯说:"我们这一代人最重大的发现是,人能改变心态,从而改变自己的一生。"的确,人生的成功或失败,幸福或坎坷,快乐或悲伤,有相当一部分是由人自己的心态造成的。

沙漠游记

家在加州旧金山的姗娜被获准去一个远在澳大利亚沙漠深处的军事基地,看望阔别三年的恋人。当她来到基地时,恰巧恋人到海外执行任务,姗娜决定留下来等他回来。

恋人一个月后回来了,姗娜对他急急地讲述到这里后的孤独和寂寞:基地周围都是沙漠,看不到几棵绿树。特别是附近的居民一看就是愚昧落后的土著人,和他们语言不通,每天只好把自己关在小屋里。

恋人笑了。这里生活很美,不信,你走出小屋。

半信半疑的姗娜试着去和周围的世界接触。她忽然发现,头顶的星空比在屋里向外望的那一块辽阔美丽多了,而那些看起来愚昧的土著人对她也十分友好。在晴朗的夜色下,部落里的100多人燃起熊熊篝火,为她跳起了迷人的舞蹈。姗娜后悔早该从小屋里走出来。两个月不知不觉地过去,姗娜对这一片土地竟依依不舍。回到美国后她根据日记写出了畅销全国的沙漠游记。

这是生活里的一个真实故事。其实,世界美不美,生活好不好,关键在于你要走出"关"着自己的小屋。

消极、封闭自我,生命就会长满荒芜;积极、热爱生活,即使沙漠也会成为生命的绿洲。像姗娜一样,走出小屋吧!绚丽多彩的阳光就照耀在我们身上。

五、调整心态：让健康的心态给生活带来阳光

内心世界的大与小

有一个囚犯，被关在牢狱里，他的牢房空间非常狭小，住在里面很是拘束，不自在又不能活动。他的内心充满着愤慨与不平，备感委屈和难过，认为住在这么一间小囚牢里面，简直是人间炼狱，每天就这么怨天尤人，不停地抱怨着。

有一天，这个小牢房里飞进一只苍蝇，嗡嗡地叫个不停，到处乱飞乱撞。他心想：我已经够烦了，又加上这讨厌的家伙，实在气死人了，我一定非捉到你不可！他小心翼翼地捕捉，无奈苍蝇比他更机灵，每当快要捉到它时，它就轻盈地飞走了。苍蝇飞到东边，他就向东边一扑；苍蝇飞到西边，他又往西一扑。捉了很久，还是无法捉到它，这才慨叹地说，原来我的小囚房不小啊！居然连一只苍蝇都捉不到，可见蛮大的嘛！此时他悟出一个道理，原来心中有事世间小，心中无事一床宽。

所以说，心外世界的大小并不重要，重要的是我们自己的内心世界。一个胸襟宽阔的人，纵然住在一个小小的囚房里，亦能转境，把小囚房变成大千世界；如果一个心量狭小、不满现实的人，即使住在摩天大楼里，也会感到事事不能称心如意。所以我们每一个人，不要常常计较环境的好与坏，要注意内心的力量与宽容，所以内心的世界是非常重要的。

不管世间的变化如何，只要我们的内心不为外境所动，则一世荣辱、是非、得失都不能左右我们，牢狱虽小，但心中的世界是无限宽广的。

只在乎"现在"

能够不计较过去的得失，才能珍惜和拥有现在的美满，也才能收获明天的成功和希望。

一天，一个9岁的孩子和他妈妈闹着玩。

小男孩翻着爸爸的相册，赫然一个面容姣好、身材漂亮、充满青春活力的妙龄少女，使人眼睛一亮。

"妈妈，这个大姑娘是爸爸以前的女朋友，"孩子歪着头逗他妈妈，"这是爸爸说的。妈妈，你气不气？"

"有什么气的？都是过去的事了，只要你爸现在是我的。小孩子别瞎说。"已经肥胖的妈妈脸上洋溢着幸福的笑，老公确实对她很不错，人有本事，又老实，在单位人缘、名声极佳，她真够幸福！

"只要现在是我的！"她能够真诚地原谅和理解丈夫的过去，并在现实中奉献全部的爱心来关心和照顾丈夫。她从不对丈夫斤斤计较、耿耿于怀，如此豁达的心胸怎能不令全家相处安然，甜蜜幸福呢？

小李研究生毕业，几经周折分到一个工作稳定、效益和福利又很不错的单位——石化公司，人们都是羡慕他。

在单位一年多，小李一直处于公司的最基层，做一些基础工作，这也是深入社会、了解工作情况的起点，而他总是不如意。

他不知足，又经几番周折，调到了另外一个看似灵活而实则亏损的单位，他想快速发展。然而到了新的单位，仍然得从基础做起，他又一次不满足，转到了另一个单位……他终于不再转了，也终于没有发展起来。

是的，大凡开始一项工作都须首先从头做起，从开始做起，就如许

五、调整心态：让健康的心态给生活带来阳光

多富翁教育和培养儿子，把他放在基层，从推销员做起一样，这是一个培养才能，取得成功的起点。这是每个取得成功的人都要经历的过程。然而小李没有能够坚持，因为他太不知足。

"只要现在是我的"，是一种对世事的豁然与达观，是一种对待自身处境的知足和满意，也是一种发展的沉着与务实。

能够满足于"只要现在是我的"，才能珍惜你所梦寐以求的东西，才会呵护、努力保持并使这一美梦持续和升华。可是世人却都太过于相信自己的能耐，得陇望蜀，永不知足。

俗话说得好："知足者常乐。"那些想入非非，异想天开的事情偶尔想一次无妨，但把这些幻想甚至妄想作为生命的日程，并要付诸于行动，只会使你浪费时光，快乐又从何而来？

"一旦拥有，别无所求"，拥有美好的事物时，我们说应该居安思危，就是说要好好地珍惜它，使它永远成为自己的一份实在，一份瑰丽。

"只要现在是我的"，你不仅能避免异想天开、无谓的疲惫与烦忧，而且会使你在务实中取得超常的成功。

面对闲言碎语

有一个小和尚非常苦恼，因为师兄师弟们老是说他的闲话。

无所不在的闲话，让他无所适从。

念经的时候，他的心却不在经上，而是在那些闲话上。他跑去向师父告状："师父，他们老说我的闲话。"师父双目微闭，轻轻说了一句："是你自己老说闲话。"

"他们瞎操闲心。"

小和尚不服。

"不是他们瞎操闲心,是你自己瞎操闲心。"

"他们多管闲事。"

"不是他们多管闲事,是你自己多管闲事。"

"师父为什么这么说?我管的都是自己的事啊。"

"操闲心、说闲话、管闲事,那是他们的事,就让他们说去,与你何干?你不好好念经,老想着他们操闲心,不是你在操闲心吗?老说他们说闲话,不是你在说闲话吗?老管他们说闲话的事,不也是你在管闲事吗?……"

话未说完,小和尚茅塞顿开。

爱说闲言碎语是某些庸人的陋习。如果对这些闲话采取豁达和漠视的态度,你的生活就会更加轻松自如。

正确认识失恋

大哲学家苏格拉底曾经有一段与一个失恋者的对话。

苏(苏格拉底):孩子,为什么悲伤?

失(失恋者):我失恋了。

苏:哦,这很正常。如果失恋了没有悲伤,恋爱大概也没有什么味道。可是,年轻人,我怎么发现你对失恋的投入甚至比对恋爱的投入还要倾心呢?

失:到手的葡萄给丢了,这份遗憾,这份失落,你非个中人,怎么知道其中的酸楚呀。

苏:丢就丢了,何不继续向前走去,鲜美的葡萄还有很多。

失:踩上一只脚如何,我得不到的别人也别想得到。

五、调整心态：让健康的心态给生活带来阳光

苏：这可能使你离她更远，而你本来是想与她更接近的。

失：你说我该怎么办，我真的很爱她。

苏：真的很爱？那你当然希望你所爱的人幸福？

失：那当然。

苏：如果她认为离开你是一种幸福呢？

失：不会的，她曾经跟我说过，只有跟我在一起的时候，她才感到幸福！

苏：那是曾经，是过去，可她现在并不这么认为。

失：这就是说，她一直在骗我？

苏：不，她一直对你很忠诚。当她爱你的时候，她和你在一起，现在她不爱你，她就离去了。世界上再也没有比这更大的忠诚。如果她不爱你，却还装得对你很有情谊，甚至和你结婚生子，那才是真正的欺骗呢！

失：可我为她投入的感情不是白白地浪费了吗？谁来补偿我？

苏：不，你的感情从来没有浪费，因为你在付出感情的同时，她也对你付出了感情，在你给她快乐的时候，她也给了你快乐。

失：可是，这多么不公平呀！

苏：的确不公平，我是说你对你所爱的那个人不公平。本来，爱她是你的权利，但爱不爱你却是她的权利，而你却想在自己行使权利的时候，剥夺别人行使权利的自由，这是何等的不公平！

失：可是您看得明白，现在痛苦的是我，不是她，是我在为她痛苦！

苏：为她痛苦？她的日子现在可能过得很好，不如说是为你自己而痛苦！

失：依您的说法，这一切倒成了我的错？

苏：是的，从一开始你就犯了错。如果你能给她带来幸福，她是不

会从你的生活中离开的，要知道，没有人会逃避幸福。不过，时间会抚平你心灵的创伤。

失：但愿我有这一天，可我的第一步该从哪里做起呢？

苏：去感谢那个抛弃你的人，为她祝福。

失：为什么？

苏：因为她给了你寻找幸福的新的机会。

失恋是一面镜子，照出了你性格中的缺点；失恋是一池清泉，洗去了你轻狂的浮躁；失恋是一块磨刀石，磨掉了你刺人的棱角……感谢失恋，你会做得更好，怨恨失恋，你会重蹈覆辙。

"高明"的猎食

在南美洲的热带丛林中，生长着一种弹跳力极强的小毛虫。它们体形纤细，而且感觉异常灵敏。当它们爬到树叶上吞食的时候，只要一有鸟儿靠近，它们就会迅速地弹起，隐藏到茂密的树丛中，从而逃脱掉鸟儿的袭击。

这种小毛虫的食量非常大，为了能够不停地吞食树叶而不被鸟儿发现，它们想出了一个"两全其美"的办法：它们先将两片相邻的叶子用丝缠到一起，然后，它们再钻到两片叶子之间，尽情享受下面的那片叶子。而有上面的叶子遮挡，鸟儿就不会发现了。

它们的伎俩，看起来非常"高明"，上面的叶子将它们的身体遮掩起来，在吞食下面叶子的同时，可以躲避开鸟儿的视线。

然而，有一种斑雀，它们的目光非常敏锐，而且喙也十分锋利。它们在树丛中飞行觅食的时候，可以通过阳光的照射，发现躲藏在"叶洞"中的毛虫的踪影。这是因为，小毛虫将下面的叶子咬出一个洞之后，阳光照射在上面的叶子上，就会隐现出一个"小银幕"；小毛虫的一举一动都会印在那个"小银幕"上，这怎么可能瞒过斑雀敏锐的眼睛呢？发现之后，斑雀会以迅雷不及掩耳之势俯冲下来，将小毛虫捕获。

小毛虫为了满足自己贪婪的食欲，通过精心策划，原以为不会被鸟儿发现，可以尽情享用美餐了。然而，它们没有料到，它们自以为天衣无缝的计谋，其实是为自己掘出了一个陷阱。

在南太平洋的深海域里，生长着一种会发光的灯笼鱼。在漆黑的海底，灯笼鱼躲在海藻附近，它们的背鳍会发出淡蓝色的荧光。那些光线一闪一灭，就会将附近一些小鱼和小虾吸引过来。这是灯笼鱼设下的陷阱，当那些小鱼和小虾游到它面前的时候，灯笼鱼就会突然张开血盆大嘴，迅疾地将那些好奇的小鱼和小虾吞入腹内。

然而，灯笼鱼像刚才所说的小毛虫一样，它们的食欲非常大。即使它们的肚子撑得像皮球一样的时候，仍不肯停止捕食。

在同一个海域内，还生长着一种牙鲆鱼，它们的视觉几乎丧失。但是，它们却依靠食海藻和捕食灯笼鱼而生存下来。原来，灯笼鱼刚开始捕食猎物的时候，背鳍的荧光还很淡。但是，随着它们隆起的腹部，那蓝色的荧光会越来越强烈。于是，牙鲆鱼便根据眼中看到的极微弱的光线，来判断灯笼鱼的位置，随后，一举将它们捕获。

如果小毛虫和灯笼鱼，都能够收敛一下自己的私欲，也就不会轻易落此悲惨的下场了。一个人为了满足贪婪的私欲，偷偷给别人设下陷阱，结果往往他们自身是最终的受害者。然而，世间不是还有很多被贪婪私欲操纵的人，像小毛虫和灯笼鱼一样，已经跌入了自己为别人设下的陷阱，但仍执迷不悟，最终落个悲惨的下场吗？

麦田里的守望者

塞林格是美国当代最负盛名的小说家，他的《麦田里的守望者》被认为是美国文学的"现代经典"，总销售量已超过千万册。

换上其他一些人，或许会是穿华衣、吃美食、坐豪车、娶娇妻，极尽张扬。然而，塞林格走的却是一条完全相反的道路。他退隐到新罕布什尔州乡间，在河边小山附近买了90多英亩土地，在山顶筑一座小屋，周围种上许多树木，外面拦上6英尺半高的铁丝网，网上还装有警报器。每天8点半带了饭盒入内写作，下午5点半才出来，家里任何人不准打扰他，如有要事，只能电话联系。

他平时深居简出，偶尔去小镇购买书刊，有人认出他，他马上拔腿就跑。他不喜欢过多的社交，有人登门造访，得先递上信件或便条；如果来访者是生客，就拒之门外。他更不喜欢自造舆论，成名后，只回答过一个记者的问题，那是一个16岁的女中学生，为给校刊写稿特地去找他的。

塞林格是值得我们尊敬的，因为他在享受唾手可得时，却不向它投降，自觉地坚守自己的生命目标。正是这种视创造为生命、鄙视享乐的性格使塞林格的作品保持了永久的艺术魅力，他的作品哪怕是一个短篇，一经发表，马上就会引起轰动。

面对虚荣与诱惑，不妨用平静的心态来对待它们，让浮躁的心归于清净，重新拾起自信和勇气。

在生活中应该抛弃那些不相宜的东西。

人生就是这样，有得也有失。你一旦迈开了步子，就只能朝一个方向前进，不可能同时朝东南西北几个方向兼走。所以，你应该在得失之间及时选择，把一切不相宜的东西统统抛开。

五、调整心态：让健康的心态给生活带来阳光

不回头

一个人肩上挑着一根扁担信步而走，扁担上悬挂着一个盛满绿豆汤的瓷壶。他不慎失足跌了一跤，瓷壶掉落到地上摔得粉碎，这人仍若无其事地继续往前走。

这时，有一个人急忙跑过来激动地说："你不知道瓷壶已经破了吗？"

"我知道。"那人不慌不忙地回答道。

"那么你怎么不转身，看看该怎么办？"

"它已经破碎了，汤也流光了，你说我还能怎么办？"

生命的过程就如同一次旅行，如果把每一个阶段的成败得失，全都扛在肩上，那今后的路你就没有办法走下去了。所以，你必须丢弃过去的一些旧的东西，跟过去说再见，朝着更大的目标迈进。

虚拟的光环

很多人都知道赫尔墨斯，他是古希腊神话中天神宙斯的儿子，是主管商业之神，他想验证一下自己在人间百姓中的地位到底有多高。

有一天他化装成一位顾客来到雕像店。他指着宙斯的头像，问雕像者："这个值多少钱？""七赫拉。"他又走到自己的雕像前，心想，自己是商业的庇护神，地位一定比宙斯高，便问："这个值多少钱？"雕像者指着宙斯的像说："假若你买那个，这个算添头，白送。"赫尔墨斯本想听听雕像者对自己的赞赏，抬高自己的身价，谁知讨了个没趣，

只得灰溜溜走了。

人从出生落地到离开人世，往往喜欢把个人的快乐、幸福和价值感建立在别人认可的基础上。好像别人说你行，你就觉得自己行；别人说你不行，你也就觉得自己不行。应当承认，别人的评价对自己有一定的促进作用。在受到别人赞扬时，我们都会感到快乐，感到自己有价值。所以，我们每个人都希望听到赞扬，得到鼓励，博得掌声。这种精神享受确实有益于我们开发潜能、提高素质，有益于认识自我价值，树立自信意识。然而寻求赞许的心理如果不只是一种愿望，而成为一种必不可少的需要，像赫尔墨斯一样去寻求自己虚拟的"光环"，这便落入了人生自恋型性格障碍的误区。

一旦寻求赞许成为一种需要，做到实事求是几乎就不可能了。如果你感到非要受到夸奖不行，并常常做出这种表示，那就没人会与你坦诚相见。同样，你也不能明确地阐述自己在生活中的思想与感觉。你会为迎合他人的观点与喜好而放弃你的自我价值。以别人的看法和评价来确立你的自我形象和价值。这就好像把房子盖在流沙上，是靠不住的。如果你依赖他人的评定证实你的价值，究其根底，那只是他人的价值，而不是你的价值，所以，自我价值不能由他人来评定和证实。

我们应该根据自己的判断做认为正确的事情，而不能让别人的看法左右自己、束缚自己，妨碍自己主观能动性的发挥。

换种心态思考

有个曾得过天花的人，脸上留下许多麻子，不知是这一原因或是别的原因，快40岁了还未娶到老婆。

有一天，他在街上行走的时候，前面一美丽的少妇回首向他嫣然一

五、调整心态：让健康的心态给生活带来阳光

笑，他很奇怪："自己又不认识她，莫非她喜欢我？"不过一念之后，他又嘲笑自己："就是相貌平平的女人尚且不愿嫁给我，何况是如此的美妇。"

他也礼貌地对少妇点点头，继续走自己的路。过了一会儿，他又发现少妇回头对他招手微笑。

"莫非她真的对我有意？若是那样的话，良机不可失。"

于是他紧跟在少妇的后面，激动的心情夹着幻想令他陶醉。不一会儿，他们来到一住所前，少妇对他说："请你在此等我一会儿，我进去一会儿就出来。"

过了一会儿，她出来了，还带着两个小孩。没想到少妇已是两个孩子的妈妈，但他仍高兴地向小孩问好。接着，少妇对小孩说："叔叔小时候没有去接种疫苗，结果得了天花，原本漂亮的脸变成了今天这个样子，你们是去打针接种疫苗呢，还是想变成这个样子？"

"我们要去打针接种疫苗！"小孩立即答应了妈妈。

听了少妇与小孩的对话，他的心凉了一大截。还以为少妇对自己有意，原来是把自己当作反面典型教育孩子。

他心里有些恼火，不过看到小孩因此而愿去打针接种疫苗，也算成就一件善事，他心里宽慰了许多。

当少妇请他进屋坐坐时，他自我解嘲地说："谢谢你，不用了，天花使者还得去劝导其他小孩呢！"

从此以后，"天花使者"的美名渐渐传开。

面对不如意的事，不要只是抱怨甚至愤怒，抚平自己的心境，换种心态或角度来思考，兴许你会有意想不到的收获。

将快乐与人分享

有一个小和尚怕麻烦师父,所以迟迟不敢再问,他对虚尘大师说:"师父,您知道吗?您给我的答案我又忘记了。我很想再次请教您,但想想我已经麻烦您许多次了,不敢再去打扰您!"

虚尘大师对他说:"先去点燃一盏油灯。"小和尚照做了。

虚尘大师接着又说:"再多取几盏油灯来,用第一盏灯去点燃它们。"

小和尚也照着做了。

虚尘大师便对他说:"其他的灯都由第一盏灯点燃,第一盏灯的光芒有损失吗?"

"没有啊!"小和尚回答。

"所以,我也不会有丝毫损失的,欢迎你随时来找我。"

是的,有多少黑暗是我们自己造成的?一盏灯点燃另一盏灯,却无损自身的光芒。

将快乐和知识与人分享的时候,对自己并不会有任何的损失,反而能够产生更大的喜悦和满足。

给自己"解套"

有一天,汤姆到酒吧喝闷酒,服务生见他一副眉头深锁的样子,便问他:"先生,您到底为了什么事烦心呢?"

汤姆答道:"上个月,我叔父去世,因为他没有后代,所以,在遗

五、调整心态：让健康的心态给生活带来阳光

嘱中，将他仅有的 5000 张股票，全部留给了我！"

服务生听后安慰汤姆道："你的叔父去世固然让人觉得遗憾，但是人死不能复生，而且，你能继承你叔父的股票，应该也算是一件好事啊！"

汤姆答道："一开始，我也认为是件好事。但问题是，这 5000 张股票，全部是面临融资催缴、准备断头的股票啊！"

假使你能抱着正面的心态来面对问题，就算你真的面临像故事中的汤姆那样股票即将断头的危机，只要你能妥善应对，终究会有"解套"的一天。

坎伯曾经写道："我们无法矫治这个苦难的世界，但我们能选择快乐地活着。"

其实，天底下没有绝对的好事和绝对的坏事，有的只是你如何选择面对事情的态度。如果你凡事皆抱着负面的心态，那么就算让你中了 1000 万元的彩票，也是坏事一桩。因为你害怕中了彩金之后，有人会觊觎你的钱财，进而对你采取不利的行动。

手指扎了一根刺，你应该高兴地喊一声："幸亏不是扎在眼睛里！"

记住：你有权选择自己对逆境的态度！

有得有失，焉知祸福

从前有一个国家，地不大，人不多，但是人民过着悠闲快乐的生活，因为他们有一位不喜欢做事的国王和一位不喜欢做官的宰相。国王没有什么不良嗜好，除了打猎以外，最喜欢与宰相微服私访民间。宰相除了处理国务以外，就是陪着国王下乡巡视，如果是他一个人的话，他最喜欢研究宇宙人生的真理，他最常挂在嘴边的一句话就是"一切都是

最好的安排"。

有一次，国王兴高采烈地到大草原打猎，随从们带着数十条猎犬，声势浩大。国王的身体保养得非常好，筋骨结实，而且肌肤泛光，看起来就有一国之君的气度，随从看见国王骑在马上，威风凛凛地追逐一头花豹，都不禁赞叹国王勇武过人！花豹奋力逃命，国王紧追不舍，一直追到花豹的速度减慢时，国王才从容不迫弯弓搭箭，瞄准花豹，"嗖"地一声，利箭像闪电似的，一眨眼就飞过草原，不偏不倚钻入花豹的颈部，花豹惨叫一声，仆倒在地。

国王很开心，他眼看花豹躺在地上许久都毫无动静，一时失去戒心，居然在随从尚未赶上时，就下马捡拾花豹。谁想到，花豹就是在等待这一瞬间，使出最后的力气，突然跳起来向国王扑过来。国王一愣，看见花豹张开血盆大口咬来，他下意识地闪了一下，心想："完了！"

还好，随从及时赶上，立刻发箭射入花豹的咽喉，国王觉得小指一凉，花豹就闷声跌在地上，这次真的死了。

随从忐忑不安地走上来询问国王是否无恙，国王看看手，小指头被花豹咬掉小半截，血流不止，随行的御医立刻上前包扎。虽然伤势不算严重，但国王的兴致破坏光了，本来国王还想找人来责骂一番，可是想想这次只怪自己冒失，还能怪谁？所以闷不吭声，大伙儿就黯然回宫去了。

回宫以后，国王越想越不痛快，就找了宰相来饮酒解愁。宰相知道了这事后，一边举酒敬国王，一边微笑说："大王啊！少了一小块肉总比少了一条命来得好吧。想开一点，一切都是最好的安排！"

国王一听，闷了半天的不快终于找到了宣泄的机会。他凝视宰相说："嘿！你真是大胆！你真的认为一切都是最好的安排吗？"

宰相发觉国王十分愤怒，却也毫不在意说："大王，真的，如果我们能够超越自我一时的得失成败，确确实实，一切都是最好的安排。"

五、调整心态：让健康的心态给生活带来阳光

国王说："如果我把你关进监狱，这也是最好的安排？"

宰相微笑说："如果是这样，我也深信这是最好的安排。"

国王说："如果我吩咐侍卫把你拖出去砍了，这也是最好的安排？"

宰相依然微笑，仿佛国王在说一件与他毫不相干的事。"如果是这样，我也深信这是最好的安排。"

国王勃然大怒，大手用力一拍，两名侍卫立刻近前，国王说："你们马上把宰相抓出去斩了！"侍卫愣住，一时不知如何反应。国王说："还不快点，等什么？"侍卫如梦初醒，上前架起宰相就往门外走去。国王忽然有点后悔，他大叫一声说："慢着，先抓去关起来！"

宰相回头对他一笑，说："这也是最好的安排！"

国王大手一挥，两名侍卫就架着宰相走出去了。

过了一个月，国王养好伤，打算像以前一样找宰相一块儿微服私巡，可是想到是自己亲自命令把他关入监狱里的，一时也放不下面子释放宰相，叹了口气，就自己独自出游了。

走着走着，来到一处偏远的山林，忽然从山上冲下一队脸上涂着红黄油彩的蛮人，三两下就把他五花大绑，带回高山上。国王这时才想到今天正是满月，这一带有一支原始部落，每逢月圆之日就会下山寻找祭祀满月女神的牺牲品。他哀叹一声，这下子真的是没救了，其实心里却很想跟蛮人说："我乃这里的国王，放了我，我就赏赐你们金山银海！"可是嘴巴被破布塞住，连话都说不出口。

当他看见自己被带到一口比人还高的大锅炉前，柴火正熊熊燃烧，更是脸色惨白。大祭司现身，当众脱光国王的衣服，露出他细皮嫩肉的龙体，大祭司啧啧称奇，想不到现在还能找到这么完美无瑕的祭品！

原来，今天要祭祀的满月女神，正是"完美"的象征，所以，祭祀的牲品丑一点、黑一点、矮一点都没有关系，就是不能残缺。就在这时，大祭司终于发现国王的左手小指头少了小半截，他忍不住咬牙切齿

咒骂了半天，忍痛下令说："把这个废物赶走，另外再找一个！"脱困的国王大喜过头，飞奔回宫，立刻叫人释放宰相，在御花园设宴，为自己保住一命，也为宰相重获自由而庆祝。

国王一边向宰相敬酒一边说："宰相，你说的真是一点也不错，果然，一切都是最好的安排！如果不是被花豹咬一口，今天连命都没了。"

宰相回敬国王，微笑说："贺喜大王对人生的体验又更上一层楼了。"过了一会儿，国王忽然问宰相说："我侥幸逃回一命，固然是'一切都是最好的安排'，可是你无缘无故在监狱里蹲了一个月，这又怎么说呢？"

宰相慢条斯理喝下一口酒，才说："大王！您将我关在监狱里，确实也是最好的安排啊！您想想看，如果我不是在监狱里，那么陪伴您微服私巡的人，不是我还会有谁呢？等到蛮人发现国王不适合拿来祭祀满月女神时，谁会被丢进大锅炉中烹煮呢？不是我还有谁呢？所以，我要为大王将我关进监狱而向您敬酒，您也救了我一命啊！"

生活中有高潮也有低谷，人生中有得也有失。对得失成败抱持豁达的态度，辩证地看待问题，认为一切都是最好的安排，就少了许多挫折感，生活就会格外轻松愉快。

六、豁然开朗：

换一种态度换一种心情

有的人看问题喜欢钻牛角尖，在别人眼里完全可以忽略或绕过的问题，在他这里却成了翻不过去的大山，这种人生活、工作中多的是猜疑、嫉妒、生气。要想从中解脱其实并不难，只需换一种态度，就能即刻拥有不一样的心情。

自嘲的快乐

　　生活总是有意无意地跟你开个玩笑，让你的心灵像走在独木桥上，稍不留神就要失衡。面对跌落深渊的危险，如果嘻哈一笑，大智若愚，反比神经紧张要安全得多。

　　人的一生，谁都难免会有失误，谁身上都难免会有缺陷，谁都难免会遇上尴尬的处境。有的人喜欢藏藏掩掩，有的人喜欢辩解。其实越是藏藏掩掩，心理越是失衡；越是辩解，却会越辩越丑，越描越黑。最佳的办法是学会嘲笑自己，因为那样做可能会得到意想不到的奇妙结果。

　　美国著名演说家罗伯特，头秃得很厉害，在他头顶上很难找到几根头发。在他过60岁生日那天，有许多朋友来给他庆贺生日，妻子悄悄地劝他戴顶帽子。罗伯特却大声说："我的夫人劝我今天戴顶帽子，可是你们不知道光着秃头有多好，我是第一个知道下雨的人！"这句嘲笑自己的话，一下子使聚会的气氛变得轻松起来。

　　美国第16任总统林肯长相很丑，可他不但不忌讳这一点，相反，他常常诙谐地拿自己的长相开玩笑。

　　在竞选总统时，他的对手攻击他两面三刀，搞阴谋诡计。林肯听了指着自己的脸说："让公众来评判吧，如果我还有另一张脸的话，我会用现在这一张吗？"

　　还有一次，一个反对林肯的议员，走到林肯跟前挖苦地问："听说总统您是一位成功的自我设计者？""不错，先生。"林肯点点头说，"不过我不明白，一个成功的自我设计者，怎么会把自己设计成这副模样？"

　　我们从林肯身上发现，一个人生理缺陷愈大，他的自卑感愈强，于

六、豁然开朗：换一种态度换一种心情

是成就大业的"本钱"也就愈多，"攒"的劲头也就越大。

自嘲是一种特殊的人生态度，它带有强烈的个性化色彩。自嘲作为生活的一种艺术，它具有干预生活和调整自己的功能。它不但能给人增添快乐，减少烦恼，还能帮助人更清楚地认识真实的自己，应付周围众说纷纭带来的压力，摆脱心中种种失落和不平衡，获得精神上的满足和成功。

托尔斯泰寓言里的那只狐狸用尽了各种方法，拼命地想得到高墙上的那串葡萄，可是最后还是失败了，于是只好转身一边走一边安慰自己："那串葡萄一定是酸的。"这只聪明的狐狸得不到那串葡萄，心里不免有些失望和不满，但它却用"那串葡萄一定是酸的"来解嘲，使失望和不满化解，使失衡的心理得到了平衡。从而仍然不失能快快乐乐生活下去的好心情。倘若想不开，终日里落落寡欢的话，那么很可能为这串葡萄送掉了性命，这才是笨人。

你不是第一个登上月球的人，不是第一个发明电灯的人，不是第一个鼓捣电脑的人……你太渺小、太普通、太平凡了。但是，对于那些，你又是否感到不满和不平衡呢？没有，因为你知道，每个人都有不同的路要走。既然是这样，对于自己的不足，自嘲一下又有何妨？

做人做事的糊涂准则

糊糊涂涂做人，清清楚楚做事。人至察则无徒，所以太过聪明的人都不能容于当世。但做事时还是得心中有谱，明察秋毫，否则失之毫厘，就谬以千里了！

孔子周游列国时，看到两个人为了一件事而争论得面红耳赤，唾沫横飞。孔子询问他们在争论什么，原来为了一道算术题。矮个儿说三八等于二十四，高个儿坚持说三八等于二十三，各持己见争论不休，以至于几乎动起手来。最后，两人打赌请一个圣贤做裁定，如果谁的答案正确，谁就可以得到一块银子。二人请孔子裁定，孔子说那个认为三八等于二十三的人说得是正确的，但孔子的这种裁判矮个儿不答应，他气愤地说："三八二十四，这是连小孩子都不争论的真理，你是圣人，却认为三八等于二十三，看样子也是徒有虚名呀！"

孔子笑道："你说得没错，三八等于二十四，是小孩子都不争论的真理，你坚持真理就行了，干吗还要与一个根本就不值得认真对待的人讨论这种不用讨论也再明显不过的问题呢？"矮个儿似有所醒。孔子拍拍他的肩膀，说道："那个人虽然得到了一块银子，但他却得到了一生的糊涂，你是失去了一块银子，但得到了深刻的教训！这不是各得其所吗？"

世间的许多事情就是这样，有的事不明白就不会牵肠挂肚，就会少一分烦恼多一分自在。"一切万法不离自性"，讲人不可自寻烦恼，人说我痴，我就痴给他看。

在人与人的接触中，不免会产生矛盾，有了矛盾平心静气地坐下来交换意见，予以解决固然是上策，但有时事情不那么简单，因此，值得提倡"装傻"二字。

"人非圣贤，孰能无过"。与人相处就要互相谅解，经常以"难得糊涂"自勉，求大同存小异。有肚量，能容人，你就会有许多朋友，且左右逢源，诸事遂愿；相反，"明察秋毫"，眼里不揉半点沙子，过分挑剔，什么鸡毛蒜皮的小事都要争个是非曲直，容不得人，人家也会躲你远远的，最后，你只能关起门来"称孤道寡"，成为使人避之唯恐不及的异己之徒。古今中外，凡是能成大事的人都具有一种优秀的品质，就是能容人所不能容，忍人所不能忍，善于求大同存小异，团结大多数人。他们极有胸襟，豁达而不拘小节，大处着眼而不会目光如豆，从不

六、豁然开朗：换一种态度换一种心情

斤斤计较，纠缠于非原则的琐事，所以，他们才能成就大事，立大功业，使自己成为不平凡的伟人。

不过，要真正做到不较真、能容人，也不是简单的事，这需要有良好的修养，需要有善解人意的思维方式，需要从对方的角度设身处地地考虑和处理问题。多一些体谅和理解，就会多一些宽容，多一些和谐，多一些友谊。

用睁开的眼睛寻找世界的美丽，用闭着的眼睛遗忘世间的无奈。能够做到这一点的人，可谓是活出了味道，虽然不能拿着放大镜去观察这个并不完美的世界，但是在做事时，却还是明察秋毫的好，否则真的糊涂了就会葬送掉自己一世的英名。

善恶全在一线间

一位白领讲述的亲身经历也许能给我们一些启示：

为了适应市场变化，公司需要重组，300多名员工将裁减50%。更残酷的是，我和卫成了竞争对手。多年来，作为公司的技术骨干，我和卫同在一间办公室，为着同一个目标共同努力，度过了多少疲劳但却兴奋的不眠之夜。我们是一对相互协作的兄弟，所有的设计图纸中，都饱含着他的智慧和我的心血。在公司这架庞大的机器中，我和卫是两个相依互动的齿轮。

那天主任找我们谈话的时候，我们惊呆了。其他部门员工的去留，均按各自的业绩进行量化对比，较容易决定，唯有我和卫是公司的技术骨干，且工作合作性很强，难分高低，因此，老板决定亲自考核我们，并安排一次留岗竞争。

原本兄弟般的感情，忽然变得尴尬了，我的心里很不是滋味。早晨走进办公室，卫已经在那等了，他苦笑了一下，没作声。我也不知道说什么好，气氛相当压抑。这熟悉的电脑、熟悉的桌椅乃至熟悉的人竟然变得如此陌生！

决定命运的时刻到了。老板作开场白："并非公司有意为难你们两个，实在是迫不得已啊！"说着，将两份同样的试题分给我和卫。一个小时的紧张答题，我和卫几乎同时交出答卷。老板和主任对照图纸研究了好长时间，似乎十分为难。主任小心地说："这两个兄弟跟我多年，老板，我是一个也舍不得啊！"老板抬眼瞅瞅他，犹豫半晌，缓缓地说："这样吧，由他们相互评价对方，再做决定。"然后，将我的设计图纸给了卫，而卫的给了我，又说："满分为10分，另外各自写出对对方作品的书面评语。"

原本痛苦的我，此刻陷入"绝境"。老板简直是将我们推入了古罗马斗兽场！

凝视着卫的图纸，我久久不能平静。他的思维和技法才华横溢，其中有我熟悉的味道，否定他，就等于否定我自己！多年在一起的学习和实践，我们已相互渗透得很深很深……还想什么呢？我轻松地在卫的图纸上打了个9分。

当我发现卫也给了我9分时，我流泪了。老板很动情，拉住我们的手说："在这个关头，你们用各自的心灵选择了对手，请原谅我刚才的冷酷，也请允许我邀请你们永远留在公司，因为，你们虽是两个人，却拧成了一股绳。公司永远需要这种力量，因为它无坚不摧！"

任何外物失去了都可以通过努力加以弥补，但高尚的品质却是不可再生的资源，就像一只精美的瓷瓶，一旦坠地破碎便一文不值，一个人应该像佛家弟子守戒一样珍惜自己的声誉和修为。

六、豁然开朗：换一种态度换一种心情

不必伤心

因近来医院接连死了两个癌症患者，给医院笼罩上悲伤忧郁的气氛，许多住院病人情绪低落，有的茶饭不思，有的不肯打针吃药。主治医生急了，连忙向心理医生求助。

心理医生经过深入调查，了解到多数病人都认为癌症是绝症，无药可治，故此伤心失望。于是，心理医生的一套"不必伤心"的劝说词，化解了这场病人的心理危机。他对病人说：

"癌症并非不治之症。患了癌症有两种可能：一种是早期患者，一种是晚期患者。早期患者可以根治，你不必伤心。晚期患者也有两种可能：一种是经过治疗可以治愈，一种是一时未能治愈但还能活上几年。可以治愈的当然不必伤心。能够再活几年的也有两种可能：一种是今后随着医学技术的发展可使症状缓解，存活期延长；一种是到时确实医治无效而死。存活期延长的不必伤心，医治无效嘛……不必伤心，因为你已经死了，还有什么可伤心的呢？"

听到这里，病人们"扑哧"笑了起来。这笑声，驱散了几天来笼罩在病房里的愁云惨雾。

很多时候，我们就是因为钻牛角尖，把问题想得太悲观而看不到其积极的一面，从而平添了不少烦恼。

不同的比较换来不同的心境

过去，有一个老太太，她有两个女儿，大女婿是卖草帽的，二女婿是卖伞的。一到雨天，老太太就唉声叹气，说："大女婿的草帽不好卖，

大女儿的日子不好过了。"但一到晴天，她又想起二女儿："又没人买雨伞了。"所以，不管晴天还是雨天，老太太都不开心。

一位云游和尚听说了这件事，就来开导她："晴天，你就想想大女儿的草帽好卖了；雨天，你就想想二女儿的雨伞一定生意不错。这样，你不就天天高兴了吗？"

老太太听了云游和尚的话，天天都有了笑容。

习惯于比较是人的天性，正是这种喜欢比较的天性促成了人与人之间的相互攀比，也促成了人的苦恼的产生。而且，人总是习惯于去看比较之后那不利的一面，所以，苦恼当然就会随即而至。

太好了

一个小和尚在庙里呆烦了，总觉得心情烦闷、忧郁，高兴不起来，就去向师父诉说了烦恼。

圆通和尚听了徒弟的抱怨说："快乐是在心里，不假外求，求即往往不得，转为烦恼。快乐是一种心理状态，内心淡然，则无往而不乐。"

接着，他给徒弟讲了这样一个故事：

某个村落，有个老爷，一年到头的口头禅是"太好了，太好了"。有时一连几天下雨，村民们都为久雨不晴而大发牢骚，他也说："太好了，这些雨若是在一天内全部落下来，岂不泛滥成灾，把村落冲走了？神明特地把雨量分成几天下，这不是值得庆幸的事吗？"

有一次，"太好了"老爷的太太患了重病。村民们以为，这次他不会再说"太好了"吧？于是，都特地去探望他们。

哪知，一进门，老爷还是连说："太好了，太好了。"

村民不禁大为光火，问他："老爷，你未免太过分了吧？太太患了

重病,你还口口声声'太好了',你到底存的什么心呀?"

老爷说:"哎呀,你们有所不知。我活了这么一大把年纪,始终是老婆照顾我,这次,她患了病,我就有机会好好照顾她了。"

讲完了故事,圆通和尚启发弟子:"生活在世上,能把坏事从另一个角度看成是好事,不是很有启示吗?只要抱着积极乐观的态度,面对一切遭遇,就没有什么摆脱不了的忧郁。"

世界上不存在极乐天堂,没有人能够逃脱不幸与不快,没人能从世俗的烦恼中解脱出来。所以你所能做的就是端正态度,积极地去应付这些不愉快。

让心里的大佛转身

传说矗立在佛光山那尊高耸入云的金色大佛竟然当着众多游客的面转动身躯。

消息一经传开,不知感动了多少佛门子弟,他们纷纷从四面八方涌入佛光山,意欲一睹为快,抢着感应佛光的护持。

有一对虔诚的夫妇也随人们来到这里,随着日落西山,他们渐渐地失望了,大佛一动也不曾动过,完全不理会众信徒的期盼。

离开山门的时候,太太说:"我想,可能是我们的善根不够,也可能是我们的罪孽深重,要不然,别人怎么能看得见大佛转身,为什么我们就看不见呢?"

先生笑着回答:"大佛之所以转身让那些游客看见,是因为大佛知道他们仍在烦恼的三界中转悠,难得来到净地,为了普度他们,才展现神迹,好让他们生起正信,投身慈悲的怀抱。而我们,早就是正信护持的佛门弟子了,如果大佛还转身给我们看,不是多此一举吗?"

"你说的是有点儿道理,不过,亲眼看见或许会更好!"太太仍不死心。

先生指着地上的一群蚂蚁说:"你看,我现在站在这里不动,蚂蚁可以安心地生活。如果我随便移动脚步或扭摆身体,那蚂蚁群立刻就陷入了慌乱之中。换作是大佛,若是它真的应信众要求,3分钟转身一次,5分钟转身一次,那对于居住在这附近的居民而言,时时刻刻感受地震,岂不是太可怕了?真正的大佛转身,应该是转在我们的心里才对,唯有让我们心里的那尊大佛转身,才是我们最需要的神迹呀!"

与其期望奇迹的出现,不如自己去创造奇迹。命运能够成全的是那些客观的外在因素,不能成全的却是那些主观的内在因素。当世界因你的努力而变得更好,你就是世人心目中转身的大佛。

自己的行为自己决定

佛印和苏东坡到茶馆里喝茶。

侍者见佛印是一个出家人,就对他态度非常冷淡,而对苏东坡则十分热情。

苏东坡感到过意不去,几次提醒侍者对佛印客气些。但是侍者显然是一个非常势利的小人,依然对苏东坡明显更热情些。

苏东坡不高兴了。

结完了账,佛印掏出几文银子,递给侍者,并一再道谢,态度非常谦恭。

走出茶馆门口,苏东坡问佛印:"这家伙态度很差,是不是?"

佛印说:"他是一个势利的小人,他的行为真令人讨厌。"

苏东坡问:"那么你为什么对他还是那样客气,而且还赏钱给

六、豁然开朗：换一种态度换一种心情

他呢?"

佛印答道:"为什么我要让他决定我的行为?"

"为什么要让他决定我的行为",多么耐人寻味的一句话!如果我们都学会这样想、这么做,生活中该减少多少无端的烦恼啊!

灯芯将尽

有一位医术高明的医师,不但热心救人,并且收费低廉,远近的居民都喜欢找他治病。

一天,来了一位半身不遂的白发老翁,坐在轮椅上,由儿子推着走。

"无论如何,拜托你救救我父亲……"40多岁的大男人,哭得像婴儿一般,"看了好几位医师都没有起色,我只想让他多活几年。千万拜托,大夫。"

医师仔细测脉搏、量血压,做了心肺检查后,开了一张药单,并特地叮咛说:"回家以前,不妨上三楼佛堂坐坐。"

男人听了一头雾水,只当医师是在安抚患者的情绪,没放在心上。

匆匆地过了两个月,男人又推着老父来就诊。仔细检查、开药方后,医师再度嘱咐他陪父亲去三楼佛堂坐坐。

但男人依旧没在意,拿了药便推父亲走了,心想这个医师还挺婆婆妈妈的。

直到第三次看诊,开完药方后,医师拦住他,按下电梯一同前往三楼佛堂。

三人默默浏览素雅的茶几、盆栽和书架上的善书佛经。偌大的空间里,除了清水和两碟笑香兰之外,橙黄的酥油在供桌上无烟焚烧,沉睡

在火焰的梦里……

"我请你们上来坐的原因，是看看油灯里的灯芯……"医师指着前方说，"每一盏油灯都需要灯芯，有最好的油却没灯芯，还是无法燃烧。每当油快要烧光，灯芯剩下一小截时，我就会想：再添些油到容器里，应该可以延长灯芯的寿命吧，于是我真的这么做了，结果你们猜怎样？"

望着满脸疑惑的父子二人，他缓缓说道："我总是贪心地倒得太多，结果不是火焰变得极微弱，就是灯芯根本烧不起来。试过好几次以后，我才明白：要让灯芯发出最自然的光芒，只有一个方法，就是容器内注满油，让灯芯一路烧完，油尽灯枯，再重新添入新油、换上新灯芯，这才是点灯的正确方法。"

男人恍然大悟，默默点头，含泪推着轮椅上的老父离去。

容器是命运，油就仿佛是我们身处的世界，而灯芯就像是肉体躯壳一样。一个生命终止，另一个新生命诞生；有死才有生，生生不息。油灯将残，就让它残吧；花之将萎，就任它枯萎吧。自然规律任谁也无法违背。

损失了两个马克

尤利乌斯是一个画家，而且是一个很不错的画家。他画快乐的世界，因为他自己就是一个快乐的人。不过没人买他的画，因此他想起来会有点伤感，但只是一会儿，伤感很快就过去了。

"玩玩足球彩票吧！"他的朋友们劝他，"只花两马克便可赢很多钱！"

于是尤利乌斯花两马克买了一张彩票，并真的中了彩！他赚了50万马克。

"你瞧!"他的朋友都对他说,"你多走运啊!现在你还经常画画儿吗?"

"我现在就只画支票上的数字!"尤利乌斯笑着说。

尤利乌斯买了一幢别墅并对它进行一番装饰。他很有品位,买了许多好东西:阿富汗地毯、维也纳柜橱、佛罗伦萨小桌、迈森瓷器,还有古老的威尼斯吊灯。

尤利乌斯很满足地坐下来,点燃一支香烟静静地享受他的幸福。突然他感到好孤单,便想去看看朋友。他把烟往地上一扔,在原来那个石头做的画室里他经常这样做,然后就出去了。

燃烧着的香烟躺在地上,躺在华丽的阿富汗地毯上……一个小时以后别墅变成一片火的海洋,它完全烧没了。

朋友们很快就知道了这个消息,他们都来安慰尤利乌斯。

"尤利乌斯,真是不幸呀!"他们说。

"怎么不幸了?"他问。

"损失呀!尤利乌斯,你现在什么都没有了。"

"什么呀?我只不过是损失了两个马克。"

人生不应该有太多的牵挂与负荷。现在拥有的,我们应该珍惜;已经失去的,也没必要再为之哭泣。抬头向前看,会有更美好的生活在等着你;只要还有一颗乐观向上的心,人生会一路充满阳光。

想买货的人才会挑毛病

小和尚把寺庙里自产的果子拿到集市上去换米,遇到了一位难缠的客人。

"这水果这么烂,一斤也要换二斤米吗?"客人拿着一个水果左看右看。

"我这水果是很不错的，不然你去别家比较比较。"

客人说："一斤水果一斤半米，不然我不换。"

小和尚还是微笑着说："施主，我一斤和你换一斤半米，对刚刚和我交换的人怎么交代呢？"

"可是，你的水果这么烂。"

"不会的，如果是很完美的，可能一斤就换三斤米了。"小和尚依然微笑着。

不论客人的态度如何，小和尚依然面带微笑，而且笑得像第一次那样亲切。

客人虽然嫌东嫌西，最后还是以二斤米换一斤水果的方式换了十斤水果。

有人问小和尚何以能始终面带笑容，小和尚笑着说："只有想买货的人才会指出货如何不好。"

也许我们中的很多人都比不上小和尚，平常有人说我们两句，我们就已经气在心里了，更不用说微笑以对了。而且在生活中批评指责我们的，往往是我们最亲近的人和最好的朋友。正所谓："良药苦口利于病，忠言逆耳利于行。"

欲念一生福自去

在巴拉圭有一对即将结婚的年轻人，很高兴地大喊大叫、相互拥抱，因为他们中了一张"高额彩券"，奖金是 7.5 万美金。

可是，这对马上要结婚的新人，在中奖后不久就为了"谁该拥有这笔意外之财"而闹翻了。两人大吵一架，并不惜撕破脸、闹上法庭。为

六、豁然开朗：换一种态度换一种心情

什么呢？因为这张彩券当时是握在未婚妻的手中，但是未婚夫则气愤地告诉法官："那张彩券是我买的，后来她把彩券放入她的皮包内，但我也没说什么，因为她是我的未婚妻嘛！可是，她竟然这么无耻、不要脸，居然敢说彩券是她的，是她买的！"

这对未婚夫妻在公堂上大声吵闹，各说各的，丝毫不妥协、不让步，让法官伤透脑筋。最后，法官下令，在尚未确定"谁是谁非"之时，发行彩券单位暂时不准发出这笔奖金。而两位原本马上要结婚的佳偶，因争夺奖券的归属而变成怨偶，双方也决定取消婚约。

有人说："结婚，经常不是为了钱；离婚，却经常是为了钱！"

的确，人的私心、贪婪、嫉妒，常使人跌倒，重重地跌在自己"恶念"的祸害里。

事实上，我们所拥有的，并不是太少，而是欲望太多。欲望太多的结果，就是使自己不满足、不知足，甚至憎恨别人所拥有的，或嫉妒别人拥有的比我们更多，以致心里产生忧愁、愤怒和不平衡。

知道自己有什么

一青年老是埋怨自己时运不济发不了财，终日愁眉不展。这天，来了一个老和尚，问他："年轻人，你为何不高兴？"

"我不明白为什么我总是那么穷。"

"穷？你很富有嘛。"老和尚由衷地说。

"这从何说起？"年轻人问。

老和尚不正面回答，反问道："假如今天斩掉你一个手指头，给你一千元，你干不干？"

"不干。"

"斩掉你一只手，给你一千元，你干不干？"

"不干。"

"让你马上变成80岁的老人，给你一千万元，干不干？"

"不干。"

"让你马上死掉，给你一千万元，干不干？"

"不干。"

"这就对了。你已经有了超过一千万元的财富了，为什么还哀叹自己贫穷呢？"老和尚笑着问。

不要抱怨家庭的贫寒，不要抱怨时运不济，不要怨天尤人。有一种资本是用金钱买不到的：这就是年轻、健康。身体是一部不停运转的机器，因为年轻，它还是崭新的，只要你运用得当，就能不断地创造价值，所以不必为暂时的不得意而垂头丧气，只要不让机器闲置，成功早晚会降临到你头上。

善待别人的缺点

一天，小兰去首饰店，看中了一块玉。付钱的时候，小贩又重复了一次："我卖给你这块玉，再便宜不过了。"

她笑笑，没说话，他以为她不信，又加上一句："真的——不过这么便宜也有个缘故，你猜为什么？"

"我知道，它有斑点。"

"哎呀，原来你看出来了，玉石这种东西有斑点就差了，这串项链如果没有瑕疵，哇，那价钱就不得了啦！"

小兰买了项链，默默地走开了。她想：对于这串有斑点的玉，我怎么可能看不出来呢？它的斑痕如此清楚。然而，凭什么要说有斑点的东

六、豁然开朗：换一种态度换一种心情

西不好？水晶里不是有一种叫"发晶"的种类吗？虎有纹、豹有斑，有谁嫌弃过它的皮毛不够纯色？

就算退一步说，把这斑纹算瑕疵，世间能把瑕疵如此坦然相呈的人也不多吧！凡是可以坦然相见的缺点都不该算缺点的。

所有的无瑕是一样的——因为全是百分之百的纯洁透明，但瑕疵斑点却面目各自不同，有的斑痕是藓苔数点，有的是沙岸迤迤，有的是孤云独去，更有的是铁索横江，玩味起来，反而令人悦然心喜。

每个人都追求完美，但是现实的生活中，每个人都会有缺点。因此，当你强求他人做到极致的时候，也要看看自己是否做到了完美。所以审视自己缺点的时候更要善待别人的缺点。

以美的眼光看周围的人

一位老和尚和一位老农坐在一个小城镇边的道路旁下棋。一个陌生人骑马来到他们的身边，把马停下来，向他们问道："师父，请问这是什么镇？住在这里的居民属于哪种类型？我正想决定是否搬到这里居住。"

老和尚抬头望了一下这位陌生人，反问道："你刚离开的那个小镇上住的人，是属哪一类的人呢？"

陌生人回答说："住的都是些不三不四的人。我们住在那儿感到很不愉快，因此打算搬到这儿来居住。"

老和尚说道："施主，恐怕你会感到失望了，因为这个镇上的人跟他们完全一样。"

过了不久，又有另一位陌生人向老和尚打听同样的情况，老和尚又反问他同样的问题。

这位陌生人回答说:"啊,住在那儿的人都十分友好,我的家人在那儿度过了一段美好的时光,但我正在寻找一个比我以前居住地方更有发展机会的城镇,因此我们搬出来了,尽管我们还很留恋以前那个地方。"

老和尚说道:"年轻人,你很幸运。在这里居住的人都是跟你差不多的人,相信你会喜欢他们,他们也会喜欢你的。"

你对别人失望过吗?你让别人失望过吗?请记住,以一份善意的眼光去看别人,世界将是美好的。我们为何不以一种更为积极、达观、宽容、和善、友爱、健康的心态去看待人间诸事?为何不多欣赏一下别人,多给别人以支持和鼓励,多为别人拍拍手,喝几声彩呢?

不要报复你的敌人

如果有一天自私的人占了你的便宜,你想把他从你的朋友名单上除名,但千万不要想去报复。一旦你心存报复,对自己的伤害将大于对别人的伤害。

几年前的一个晚上,比尔游览公园,并与其他观光客一起坐在露天座位上。面对茂密的森林,大家都期待看到森林杀手——灰熊的出现,看它走到森林旅馆丢出的垃圾中去翻找食物。骑在马上的森林管理员告诉大家,灰熊在美国西部几乎是所向无敌,大概只有美洲野牛及阿拉斯加熊例外。但比尔却发现有一只动物,而且只有一只,随着灰熊走出森林,而且灰熊还容忍它在旁边分一杯羹,它是一只很臭的鼬鼠。灰熊当然知道只需一掌就能把它毁掉,那它为什么不去做呢?因为经验告诉它划不来。

比尔也发现了这一点,他在农场里长大,曾在围篱旁捉到一只臭

六、豁然开朗：换一种态度换一种心情

鼬。到了纽约，也在街上碰过几只两条腿的臭鼬，结果都让自己痛苦万分。

当我们对敌人心怀仇恨时，就是赋予对方更大的力量来压倒我们，给他机会控制我们的睡眠、胃口、血压、健康，甚至我们的心情。如果我们的敌人知道他带给我们这么多的烦恼，他一定要高兴死了。憎恨伤不了对方一根毫毛，却把自己的世界变成了炼狱。

我们也许不能神圣到去爱自己的敌人，但起码应该多爱自己一点，为了我们自己的心情、健康以及容貌，最好能原谅我们的敌人并忘记他们，这才是明智之举。

"愤怒是拿别人的过错惩罚自己"。一旦你的心里被仇恨和报复占据，你将无暇顾及自己的思想和目标，每天只会无谓地消耗自己的精力，把自己弄得精神疲劳，容颜丑化，却丝毫也不能改变敌人的生活状态，实在是得不偿失。以一种理性的态度去面对自己的敌人，如果你不能原谅他，就试着去忘记他，只有这样，你的生活才会充满乐趣。

与人方便才能与己方便

两个人在一架独木桥中间相遇了，桥很窄只能容一个人通过。

两人都想着让对方给自己让路。

一个说："我有急事，你让我先过。"

另一个人说："我们谁也不愿让，那就同时侧身过桥。"

第一个人一想也对，就侧过身子和另一个人脸贴脸地过桥。

这时一个人为了保险起见，暗暗地推了另一个人一把，另一个人在挣扎中抓住了他，两人同时掉进了水里。

墨子说："恋人者，人必从恋之；害人者，人必从害之。"构建平和的心境，设身处地给予他人方便，这也是自己得到方便的根源。

"与人方便，与己方便"，这是佛家教诲弟子常说的话。我们生活在一个复杂而庞大的社会体系之中，每个人都不可避免地会受到他人的影响，同时也影响着他人，没有人可以脱离集体而单独存在。充分发挥自己的能力，在你温暖别人的同时，别人也会对你感恩，并向你敞开一扇方便之门。这样，人与人之间的关系会更加和谐，世界也会因此而更加美好。

给人面子是最大的尊重

杰克·韦尔奇就任美国通用电气公司总裁的时候，通用电气公司正面临着一项需要慎重处理的工作：免除查尔斯·史坦恩梅兹担任的计算部门的主管职务。

史坦恩梅兹在电器方面是个天才，但担任计算部门主管却彻底地失败了。不过，公司却不敢冒犯他，因为公司当时还不能缺少他这样的人才。

于是，杰克·韦尔奇亲自出马。一天，他把史坦恩梅兹叫到自己的办公室，对他说："史坦恩梅兹先生，现在有一个通用电气公司顾问工程师的职务，你看这项职务由你来担任如何？我暂时还找不到合适的人来担任这项职务。"

史坦恩梅兹一听，十分高兴："没问题，只要是公司决定的，我就乐意接受。"

对这一调动，史坦恩梅兹十分高兴。他知道，换职务的原因是公司觉得他担任部门主管不称职，但他对杰克·韦尔奇处理这一问题的方式非常满意。

六、豁然开朗：换一种态度换一种心情

通用公司的高级人员也很高兴。杰克·韦尔奇巧妙地调动了这位大牌明星的工作，而且杰克·韦尔奇的做法并没有引起一场大风暴——因为他让史坦恩梅兹保住了面子。

佛家也提倡宽容与尊重，而给人面子就是尊重别人的表现。人都很爱惜自己的面子，因为这不仅仅是脸面，更是自尊，所以一定要学会维护别人的面子，这样，不但能够令对方心存感激，还能够巧妙地维护自己的立场，营造有利的局面。人与人之间的关系正是在这种相互照应的过程中才能真正得以升华。

美丽的裙子

邻居一位 8 岁的女孩刚被她父母从乡下老家接回城时，不习惯城市生活，有时显得十分粗野，动不动就张口骂人，不如意时甚至躺在地上打滚，很不讨人喜欢。起初，她的父母曾动用拳脚对其加以"驯化"，结果却适得其反，女孩更变本加厉地撒泼耍横。后来连她的父母也彻底地失望了。

有一天，隔壁一位退休女教师给女孩送了一条洁白的连衣裙。那真是一条美丽的裙子，女孩第一眼看到它，两只眼睛就变得亮晶晶的。女孩穿上裙子以后，再也不打人骂人，更不会躺在地上打滚了。她知道，如果她像以前那样撒野打滚，她便配不上这条美丽的裙子。就这样，这个女孩穿上了美丽的裙子后，变得斯文、干净、可爱起来。

也许，我们每个人的心里都有一条美丽的裙子吧，只是有些人把它遗忘或丢弃了。我们常常没有意识到美也是一种力量和武器，可以用它去唤醒别人沉睡于心底的那份与生俱来的东西。确实，美的震慑力是无与伦比的，就像最善良、慈祥、宽容的母亲的那双眼睛。

也要给别人一个权利范围

一个年轻人抱怨妻子近来变得忧郁、沮丧，常为一些鸡毛蒜皮的事对他嚷嚷，并开始骂孩子。这都是以前不曾发生的。他无可奈何，开始找借口躲在办公室，不想回家。

这天，他在磨磨蹭蹭的回家途中遇到了慧明禅师。看着他一脸的沮丧，慧明禅师问他怎么了。

年轻人回答说，为了装饰房间和妻子发生过争吵。他说："我爱好艺术，远比妻子更懂得色彩，我们为了各个房间的颜色大吵了一场，特别是卧室的颜色。我想漆这种颜色，她却想漆另一种颜色，我不肯让步，因为她对颜色的判断能力不强。"

慧明禅师问："如果她要把你的办公室重新布置一遍，并且说原来的布置不好，你会怎么想呢？"

"我决不能容忍这样的事。"年轻人答道。

于是，慧明禅师解释："你的办公室是你的权利范围，而家庭以及家里的东西同时也是你妻子的权利范围。如果按照你的想法去布置'她的'厨房，那她就会有你刚才的感觉，好像受到侵犯似的。当然，在住房布置问题上，最好双方能意见一致，但是，如果要商量，妻子应该有否决权。"

年轻人恍然大悟，回家对妻子说："你喜欢怎么布置房间就怎么布置吧，这是你的权利，随你的便吧！"

妻子非常感动，后来两人言归于好。

人们总是用自己的标准去要求别人，而且还总是自以为是，其实每个人都有自己的想法和观念，所以应该做的就是要尊重他人的自由权利

和习惯。善于原谅对方的缺点，善于融合自己与他人的不同之处。做一个肯理解、容纳他人的优点和缺点的人，才会受到他人的欢迎。而对人吹毛求疵，又批评又说教的人，不会有亲密的朋友，别人对他只有敬而远之。夫妻生活和其他许多人际关系一样，会有这样那样不尽如人意的地方。只有采取宽以待人的态度，才有助于矛盾的解决。

看到的与真实的

一个老和尚带着一个小和尚在云游中来到一个富有的家庭借宿。这家人对他们非常不友好，并且拒绝让他们在舒适的卧室过夜，而是在冰冷的地下室给他们找了一个角落。当他们铺床时，老和尚发现墙上有一个洞，就顺手把它修补好了。小和尚问为什么，老和尚答道："有些事并不像它看上去那样。"

第二晚，两人又到了一个非常贫穷的农家借宿。主人夫妇俩对他们非常热情，把仅有的一点点食物拿出来款待客人，然后又让出自己的床铺给他们。他们自己则在地上铺了些稻草睡下。第二天一早，他们发现农夫和他的妻子在哭泣，原来他们唯一的生活来源——奶牛死了。小和尚看到这种情况非常愤怒，他质问老和尚为什么会这样：第一个家庭什么都有，老和尚却帮助他们修补墙洞，第二个家庭尽管如此贫穷还是热情款待客人，而他却没有阻止奶牛的死亡。

"有些事并不像它看上去那样。"老和尚答道，"当我们在地下室过夜时，我从墙洞看到墙里面堆满了古代人藏于此地的金块。因为主人被贪欲所迷惑，我不愿意让他分享这笔财富，所以把墙洞填上了。昨天晚上，死亡之神是来召唤农夫的妻子的，我没有办法，只好让奶牛代替了她。所以有些事并不像它看上去那样。"

在生活中遇到事情要多思多想，不要听到些什么或看见些什么就妄下结论。人的感觉器官是用来搜集信息的，如果不经过大脑分析就下定论，就会产生错误，甚至会伤害到你的亲人和朋友，所以下结论和行动一定要三思，否则就会酿成大错。

三文钱买饼

有一个禅宗寺院的长老，精通做大饼的技巧。他们寺院做出来的大饼又香又甜，上山来的香客都非常喜欢，纷纷花钱购买品尝，香火很是兴盛。

有一天，一个从远方来的落魄的乞丐来到寺院，吵嚷着要品尝大饼。小和尚们看他脏兮兮的邋遢样，就是不让他进厨房，双方僵持不下。

这时候长老出现了，他训斥徒弟们说："出家人慈悲为怀，你们怎么可以这样呢？"于是他亲自为这个乞丐挑选了一个大饼，恭恭敬敬地送给他品尝。

乞丐非常感动，吃完后掏出唯一的三文钱说："这是我乞讨来的全部的钱，希望长老您能收下。"长老居然真的收下了，双手合十道："施主一路走好！"

徒弟们非常纳闷，问长老说："既然是施舍给乞丐，怎么又收钱呢？"长老答道："他不远千里而来，只为品尝这大饼，所以要免费给他品尝；难得他有这么上进的心，懂得为人处世之道，所以要收下他三文钱。有了这份尊重的激励，他将来的成就必定不可限量。"

徒弟们根本不以为然，心里暗想我们的师父真是老糊涂了，大概在说梦话吧。

六、豁然开朗：换一种态度换一种心情

几十年后，一位大富大贵的商人专门上山来拜谢当年的一饭之恩。令许多老和尚大吃一惊的是，他居然就是当初那个花了三文钱吃大饼的乞丐！

施舍大饼能使乞丐免于挨饿之苦，收乞丐的饼钱却能满足他人格上的自尊。吃饱肚子只能解决一时之需，而精神上的尊重却能激励人的一生。

如此养生

唐代著名禅师石头希迁是一位得道的高僧，被后人称为石头和尚。他在世的时候，曾为世人开过十味奇药："好肚肠一条，慈悲心一片，温柔半两，道理三分，信行要紧，中直一块，孝顺十分，老实一个，阴骘全用，方便不拘多少。"

服用方法为："此药在宽心锅内炒，不要焦，不要躁，去火性三分，于平等盆内研碎，三思为末，六波罗蜜为丸，如菩提子大，每日进三服，不拘时候，用和气汤送下。果能依此服之，无病不瘥。切忌言清浊，利己损人，肚中毒，笑里刀，两头蛇，平地起风波。"

希迁的养生奇方其精要在于养德。养德"不劳主顾，不费药金，不劳煎煮"，却可祛病健身，延年益寿。

一个道德高尚的人，总是正直并且富有爱心的。在遇到事情的时候，也总是能够大公无私，在处世上要宁静而淡泊，不被世俗利益所蛊惑。对人对事，胸襟开阔，无私坦荡，光明磊落，故而无忧无愁，无患无求。身心处于淡泊宁静的良好状态之中，必然有利于健康长寿，有利于人性光辉的发扬。

水满则溢，月盈则亏

宋代有一位大禅师，名克勤，就是佛果圜悟禅师。他当年在汾州太平寺任住持时，其师五祖法演曾谓之曰："住持此院，即是给你自己的劝诫。"其师所指也就是"法演四戒"：

势不可使尽。

福不可受尽。

规矩不可行尽。

好话不可说尽。

获此戒的佛果圜悟禅师，获得上乘的智慧，终成为法演的心法弟子，成为临济宗十世法孙，并著有高深微妙的《碧岩录》一书，成为宋代的大禅师。

法演四戒给了我们人生中很好的启发。

势不可使尽。

人很容易顺着时势去做一些事情，但这正是危机。在最顺利、运气最好的时候，不知不觉会埋下毁灭的种子，是因人并不是在逆境中才开始不幸，而是在势盛时即播下了不幸的种子。

福不可受尽。

的确，我们经常会过于沉溺在上天赐给我们的幸福中，而这一点虽然无可厚非，但如果你不加爱惜的话，这个幸福的源泉就会逐渐枯竭，同时，为你带来幸福的"机缘"也会为之断绝。

规矩不可行尽。

如果过于拘泥于规矩的话，四周的人就受不了。换句话说，守规矩是好事，但过于重视规矩则会惹人嫌了。

六、豁然开朗：换一种态度换一种心情

好话不可说尽。

根据法演的解说是："好语说尽，则人必以此为易。"所谓好，就比较广泛的意思来说，也就是"亲善"之意。善言、美辞，因能使你我之间的交情深厚。但不论怎么样的好语，如果过于详细地予以解说，则其味必减半，会给人一种平易的肤浅感。

我也可以为你忙

克契禅僧到佛光禅师处学禅已经有好长一段时间了，但是由于个性原因，他不喜欢问禅，总是在被动中摸索，多次错过了开悟的时机。

一天，佛光禅师见到克契禅僧，再也忍不住地问道："你自从来此学禅，好像已有十二个秋冬了，但你怎么从来不向我问道呢？"克契禅僧连忙答道："老禅师每日都很忙，学僧实在不敢打扰。"时光匆匆，转眼又是三年。有一次，佛光禅师在路上又遇到了克契禅僧，再问道："你在参禅修道上，有什么问题吗？有的话，就提出来。"克契禅僧回答道："老禅师您这么忙，学僧不敢随便和您讲话！"又是一年过去了，克契禅僧经过佛光禅师禅房外面，禅师又对克契禅僧说道："你过来，今天我有空，请到我的禅室来谈谈禅道吧。"克契禅僧赶快合掌作礼道："老禅师很忙，我怎敢随便浪费您老的时间呢？"佛光禅师知道克契禅僧过分谦虚，不敢直接问道，错过很多，所以再怎么参禅，也是不能开悟的。佛光禅师知道对克契不采取主动不行，所以又一次遇到克契禅僧的时候，他明白地对克契说："学道坐禅，要不断参究，你为何老是不来问我呢？"克契禅僧仍然应道："老禅师您很忙，学僧不便打扰！"佛光禅师当下大声喝道："我究竟是为谁在忙呢？除了别人，我也可以为你忙呀！"

佛光禅师一句"我也可以为你忙"的话，深入克契禅僧的心中，克契禅僧立有所悟。

克契禅僧因为顾虑佛光禅师太忙而不肯问法，错过了很多得法的机会，还好，佛光禅师一次又一次不厌其烦地点化，终于让他有所悟。而生活中，很多东西一旦错过了，就将永远失去了。

虚心才能学到真本事

一个满怀失望的年轻人千里迢迢来到法门寺，对住持释圆说："我一心一意要学丹青，但至今没有找到一个能令我满意的老师。"

释圆笑笑问："你走南闯北十几年，真没能找到一个自己的老师吗？"

年轻人深深叹了口气说："许多人都是徒有虚名啊，我见过他们的画帧，有的画技甚至不如我。"

释圆听了，淡淡一笑说："老僧虽然不懂丹青，但也颇爱收集一些名家精品。既然施主的画技不比那些名家逊色，就烦请施主为老僧留下一幅墨宝吧。"说着，便吩咐一个小和尚拿了笔墨纸砚来。

释圆说："老僧的最大嗜好，就是爱品茗饮茶，尤其喜爱那些古朴的茶具。施主可否为我画一个茶杯和一个茶壶？"

年轻人听了，说："这还不容易？"

于是调了一砚浓墨，铺开宣纸，寥寥数笔，就画出一个倾斜的水壶和一个造型典雅的茶杯。那水壶的壶嘴正徐徐吐出一脉茶水，注入到了茶杯中。年轻人问释圆："这幅画您满意吗？"

释圆微微一笑，摇了摇头。

释圆说："你画得确实不错，只是把茶壶和茶杯放错位置了。应该

六、豁然开朗：换一种态度换一种心情

是茶杯在上，茶壶在下呀。"

年轻人听了，笑道："大师为何如此糊涂，哪有茶壶往茶杯里注水，而茶杯在上茶壶在下的？"

释圆听了，又微微一笑说："原来你懂得这个道理啊！你渴望自己的杯子里能注入那些丹青高手的香茗，但你总把自己的杯子放得比那些茶壶还要高，香茗怎么能注入你的杯子里呢？"

只有把自己放低，才能吸纳别人的智慧和经验，才能逐渐积聚各种营养，成海之博大，成山之巍峨。

学会低调入世

曾经有一个法师将要圆寂时，他的弟子都去探望。弟子来到法师床前，求教道：

"师父的病不轻啊，还有什么要传授给弟子的吗？"法师点头，随后张开口，让弟子看，并问道："我的舌头还在吗？"

弟子回答："还在，好着呢！"

法师又问："我的牙齿还在吗？"

因为年迈，法师的牙齿已经掉光了，只露着光秃秃的牙床。

"牙齿不在了。"弟子老老实实回答。

法师又问："你们领悟到这个道理了吗？"

弟子们略有所悟地回答："因为柔软，所以舌头还在；因为刚强，所以牙齿掉光。是这个道理吗？"

法师说："对啊，天下的道理都在这里。我已经没什么话要说了。"

很多人认为，要想在人性丛林中获得生存和发展的机会，就必须把自己变成一个强者，说话要犀利、办事要强硬，只有在势头上压人一头，才能获得别人的认同。其实，并非如此，有时能给我们带来好人缘和权威感的却是柔韧。

所以，必要时我们应该学会低头、忍耐。

追求完美的魂灵

一个魂灵对老天爷说："您派给我一个最好的形象，我将永远崇拜您。"

老天爷仁慈地回答："好，你准备做人吧，这是世界上最好的形象。"

魂灵问："做人有风险吗？"

"有，勾心斗角、残杀、诽谤、夭折、瘟疫……"

"另换一个吧？"

"那就做马吧！"

"做马有风险吗？"

"有，受鞭笞、被宰杀……"

"唉，请再换一个吧。"

"老虎？"

"老虎！"魂灵乐了。"老虎是兽中王，它一定没风险。"

"不，老虎也有风险，有时被人猎杀，有一种小兽是它的克星……"

"啊，老天爷，我不想当动物了，植物总可以吧。"

"植物也有风险，树要遭砍伐，有毒的草被制成药物，无毒的草人兽食之……"

"啊……恕我斗胆，看来只有您老天爷没风险了，让我留在你身

六、豁然开朗：换一种态度换一种心情

边吧……"

老天爷哼了一声："我也有风险，人世间难免有冤情，我也难免被人责问，时时不安……"说着，老天爷顺手扯过一张鼠皮，包裹了这个魂灵，推下界来：

"去吧，你做它正合适。"

生活中有着太多的不如意，如果事事苛求完美，生命也就毫无快乐可言。当你面对不幸与挫折的时候，不妨静下心来想一想，如果你已经尽了自己最大的努力，又有什么值得遗憾的呢？生活中如果尽善尽美，那我们的人生又有什么意义呢？

理解带来奇遇

有一位老妇人年老孤单，独自住在一栋老式的大房子里，成天与挂毯、古董为伍。她渴望得到一些人间的温暖和理解，但长期以来，没有人愿意给她。特别是她的亲戚们，视她如一件古董，窥视她的财产，却漠视她心灵的寂寞。一个偶然的机会，一位律师造访了这栋房子。他非常理解老妇人的处境，更理解她的一颗与时代难以合拍的心。

于是，从这栋老房子的话题开始，他们进行了亲切的交谈。

"这使我想起我们以前的老房子，我在那里出生的。"律师说道，"那房子很漂亮，盖得很好，有很多房间，现在已经很少有这种房子了。"

"你说得对。"老妇人表示同意，"现在年轻的一代已经不在乎房子漂亮不漂亮了。他们只要那种小公寓就够了，然后开着车子到处跑。"

就这样，律师开始走进她那久已关闭的心灵，他们开始互相信任。她带着律师到处参观，律师也热诚地发出赞美。

后来，老妇人带着律师来到车库，那里停着一辆崭新的车——几乎没有使用过。

"这是我丈夫去世前没多久买给我的。"她轻声说道，"自从他死后，我就没有动过它……你懂得鉴赏好东西，我就把它送给你吧！"

"啊！"律师吃惊了，"我知道你很慷慨，但是，我却不能接受。我已经有了一部新车，而且我们并不算是亲戚，我相信你有许多亲戚会很喜欢这部车。"

"亲戚！"她叫起来，"不错，我是有很多亲戚。但是，他们只是在等我死掉好得到这部车子。哼，他们得不到的。"

"如果你不想送给他们，也可以卖给汽车商啊！"律师建议。

"卖给汽车商？"她大叫，"你以为我会把这部车子卖掉吗？你认为我可以忍受让陌生人开着它到处跑吗？——这是我丈夫给我买的车子啊！我做梦都不会把它给卖掉的。我想把它送给你，是因为你懂得鉴赏好东西。"老妇人执意要律师接受她的馈赠。

都说"理解万岁"，的确，真诚和理解能够迅速拉近人与人之间的距离，让彼此变得更加信任。因此，要想得到一个真正意义上的朋友，就必须去关注对方的心灵，试着去理解对方的感受，并分享他的快乐，分担他的忧愁，做他可以信赖的知己。

"扔掉"缺点

他曾经被人写信"揭发"了一段"隐私"。

那时，他在某部文工团里当一名小演员，年龄为8周岁。这个文工团是"满负荷"运行，连白天带黑夜排好一台节目，立即投入到巡回演出之中。当时，有礼堂的地方很少，大都在广场、野地里就地用木板

六、豁然开朗：换一种态度换一种心情

搭起个戏台就演出了。如此日久，演员们多为黑瘦型的，他呢，则突出表现于对睡眠的"执著"。

有一夜，他在酣睡中，忽觉内急，急切中，见一厕所兀立路边，于是慌慌张张进去方便起来。直到自己突然惊醒，他才发现身下一片湿。原来那梦里厕所，竟是他睡的这铺。

他又急又羞，睁着眼直到吹起床号。慌乱间，他用被子盖住湿了的一块，却被检查内务的人发现了。队里让女同志洗晒了他的被子被单，这事便"曝光"了。好长一段时间里，他晚饭不敢喝汤，遇上吃稀饭、馒头的晚餐，他仅吃个馒头，睡觉也时时惊醒，醒了就上厕所。"尿炕"的毛病，扰乱着他的心神。

有一次，他请假探亲，因年纪小，队里派了一个同志送他乘船回家。临行时，队领导给他父母写了一封信，可能是介绍他在文工队里的学习、工作情况。队领导写信时他恰好路过队部门口，隐约中听见队长和指导员说："把他尿炕的事也写上吧，让他父母知道也好。"于是，他开始密切地关注那封信。

船到巢湖港，送他的人牵着他的手上了岸，并从衣袋里拿出一封信来，打开他上衣口袋，将那封信放进去，又仔细地扣好袋扣。走在人流熙攘的大街上，他开始处心积虑地"算计"那封信。

眼见已融入人流之中，他悄悄解开衣袋扣，拿出那封信，揉成一团，不动声色地扔了。正在得意时，后面忽然有人喊道："同志，同志，你丢了东西！"一位路人气喘吁吁地赶上来，手里拿着那封被他扔掉的信。文工团员接过信，谢了那人，又将那信塞入他的衣袋。

路过一小学门口，他见四下无人，又小心翼翼地掏出那信，用力揉了揉，让它顺裤腿无声滚下。岂料又是一声稚嫩却响亮的叫喊，他顿时吓了一跳。只见一个小学生跑来，手里正举着那团揉皱了的信。他沮丧极了：怎么竟会有扔不掉的东西呢！

他的父母最终知道了他"尿炕"和"扔信"的事。他觉得丑到家了。

奇怪的是，打那以后，他再也没有尿炕。

一个人的缺点是"扔"不掉的，只有用自尊的意志去克服它，才能彻底与之"无缘"，不至于"失而复归"。

面子与生命

有个得道的高人非常精通卜算术，多次帮人排忧解难，深受人们尊重。

一次，他给自己算了一卦，卦底让他大吃一惊：后天凌晨启明星消失时将是他的死期！

他非常悲伤，后来还是很平静地把这个消息告诉了他的弟子。匆匆安排完后事，又做了简单的准备，他就开始静静等待死期来临。可是他的身体状态很正常。

第二天晚上，人们都来为他送行。太阳就要爬出地平线了，启明星异常明亮。

他从容地登上藏经阁，打开百叶窗。楼下，人们静静地为他祈祷。

朝霞渐渐染红了东方的天空，他的身体依然没有任何不适。他实在想不出，灭顶之灾将会以怎样的方式降临。

可怜的他不由得担心起来：到了那个可怕的时刻，卦底若是出现些许差错，岂不坏了几十年苦心经营的名声？老脸往哪里放？启明星渐渐变暗，变暗……呀，启明星消失了。人们都在欢呼雀跃祝贺高人幸免于难。

他却纵身一跃，毅然从藏经阁上跳下，坠地身亡。

六、豁然开朗：换一种态度换一种心情

人难免会有犯错误的时候，知道自己错了，坦诚地承认就是最理智的选择，何必用更大的错误来折磨自己呢？

"不如学生"的琴师

有位世界级的小提琴家在为人指导演奏时，从来都不说话。

每当学生拉完一首曲子之后，他会亲自再将这首曲子演奏一遍，让学生们从聆听中学习自己的拉琴技巧。

他总是说："琴声是最好的教育。"

这位小提琴家在收新学生时，会要求学生当场表演一首曲子，算是给自己的见面礼，而他也先听听学生的底子，再给予分级。

这天，他收了一位新学生，琴音一起，每个人都听得目瞪口呆，因为这位学生表演得相当好，出神入化的琴音有若天籁。

当学生演奏完毕，老师照例拿着琴上前，但是，这一次他却把琴放在肩上，久久不动。

最后，小提琴家把琴从肩上拿了下来，并深深地吸了一口气，接着满脸笑容地走下台。

这个举动令所有人都感到诧异，没有人知道发生了什么事。

小提琴家说："你们知道吗，这个孩子拉得太好了，我恐怕没有资格指导他。最起码在这首曲子上，我的表演将会是一种误导。"

这会儿大家都明白了他宽阔的胸襟，顿时响起一阵热烈的掌声，送给学生，更送给这位小提琴家。

有容乃大，当小提琴家能接受学生更优于他的事实之时，在他身上也正体现出令人赞叹的大师风采。

他不受盛名所累，也不被人们的目光限制，充分地表现出可贵的谦逊与一切只为音乐的赤诚之心。

这些才是他受人尊重的地方，或许更甚于他的琴艺。

以退为进

曾任美国总统的克林顿跟莱温斯基的那场"拉链门"风波仍在人们的记忆之中。我们可以想一想，当克林顿与莱温斯基的事情东窗事发，克林顿死不承认，采取死撑着的态度，这也是一种选择。当着全世界人的面，堂堂的美国总统承认自己的丑事，这是多让人难为情的事情啊！但克林顿聪明之处就在于，他采取了一种以退为进的策略，承认了自己的错误。这么做，其实是将包袱扔给了所有的美国人：我已经承认了我自己的错误，你们有权利让我下台，你们也有权利让我继续留在总统的位子上，对一个已经承认错误的人，你们就看着办吧！

最终，克林顿胜利了。

同样是美国总统，当年肯尼迪在竞选美国参议员的时候，他的竞选对手在最关键的时候轻易地抓到了他的一个把柄：肯尼迪在学生时代，因为欺骗而被哈佛大学退学。这类事件在政治上的威力是巨大的，竞选对手只要充分利用这个证据，就可以使肯尼迪诚实、正直与道德的形象蒙上一层阴影，使他的政治前途黯然无光。一般人面对这类事情的反应不外是极力否认，澄清自己，但肯尼迪很爽快地承认自己的确曾犯了一个很严重的错误，他说："我对于自己曾经做过的事情感到很抱歉。我是错的。我没有什么可以辩驳的余地。"肯尼迪这么做，等于说"我已经放弃了所有的抵抗"，而对于一个已经放弃抵抗的人，你还要跟他没完没了吗？如果对手真的继续进攻，那显得对手太没风度了。

所以，我们应记住一个基本原则：一个人既然已经承认错误了，那

六、豁然开朗：换一种态度换一种心情

么你就不能再去攻击他，再去跟他计较。无论是克林顿还是肯尼迪，他们都没有因为有过劣迹而受到伤害，相反的是，他们还都将它转变成了一个优点。他们承认自己有过错误，就已经将自己人性化了：我们和平常人一样，也会犯错。同时，承认自己有错，赢得人们的同情。

这是在被动的情况下以退为进的策略。在主动的情况下，由于彻底解决某个问题的时机没有完全成熟，也可以采用这种策略。

清朝康熙皇帝继位时年龄很小，功臣鳌拜掌握朝中大权，并进而想谋取皇位。康熙十分清楚鳌拜的野心，但他觉得自己根基未稳，准备还不充分，于是索性不问政事，整天与一帮哥们儿"游戏"，以造成一种自己昏庸无知的假象。

一次，康熙着便服同索额图一起去拜访鳌拜，鳌拜见皇帝突然来访，以为事情败露，伸手到炕上的被褥中摸出一把尖刀，被索额图一把抓住。直到这时，康熙仍装糊涂说："这没什么，想我满人自古以来就有刀不离身的习惯，有何奇怪！"康熙此举让鳌拜对他彻底放松戒备，最后康熙等时机成熟时一举将其擒获，可以说放出长线钓上了大鱼。

对于成功者来说，只要人生目标的大方向没变，有时候选择以退为进的策略，也不失为一种明智的选择。

记住恩惠，忘记怨恨

阿拉伯名作家阿里有一次和吉伯、马沙两位朋友一起旅行。三人行经一处山谷时，马沙失足滑落，幸而吉伯拼命拉他，才将他救起。马沙于是在附近的大石头上刻下了："某年某月某日，吉伯救了马沙一命。"三人继续走了几天，来到一处河边，吉伯跟马沙为了一件小事吵起来，吉伯一气之下打了马沙一耳光。马沙跑到沙滩上写下："某年某月某日，

吉伯打了马沙一耳光。"

当他们旅游回来之后,阿里好奇地问马沙为什么要把吉伯救他的事刻在石上,将吉伯打他的事写在沙上?马沙回答:"我永远都感激吉伯救我,至于他打我的事,我会随着沙滩上字迹的消失,而忘得一干二净。"

记住别人对我们的恩惠,洗去我们对别人的怨恨,在人生的旅程中才能自由翱翔。

倾听别人的声音

很久以前,有一座风景秀美的名山,泉水清澈,果木茂盛。一对鸠鸟在大树的顶端营巢而居,日子过得还算清闲。

在太平的生活里,雄鸠努力采集鲜美的果子,衔回巢内,小俩口的爱巢终于积存满了果实。居安思危的雄鸠告诉妻子:"家中储藏的果实先不要用,现在外面还找得到其他足以谋生的食物,可以填饱肚子。天有不测风云,万一遇到风雨,饮食难得,才能靠储蓄的果子维生。"贤淑的妻子连声应好,对夫婿的勤劳、顾家非常满意。日子一天天过去,巢中鲜美的果子经历风吹日晒,逐渐脱水变干,原来满满一巢的量,因而缩减许多。不明原因的雄鸠怪罪妻子:"我老早交待说,这些果子不应食。你怎么一个人吃掉了?""我没有!"妻子答。"之前,果子堆满整巢,现在少了,没有吃?那哪里去了?"先生不相信地骂道。"我也不知道为什么少了?"妻子答。它们俩争吵不休,不可开交。突然,雄鸠一怒之下,用嘴啄雌鸠的头顶,雌鸠竟然因此而命归西天!

孤单的雄鸠,独自难过地守在巢边,忽然天降大雨,干燥的果子吸水后又盈满巢中。雄鸠心想:"果子又满巢了,分明不是它吃掉的。"

它对着妻子忏悔："可爱的妻子，你快快活起来吧，巢中的果子真的不是你吃的，我早该相信你，一切都是我的错，妻子，你饶恕我呀，一切都是我的过错……"然而，已经来不及了。

一个不允许其他不同声音出现的人，会变得很自我，也加大了你跟他人正常交往的难度。所以，当我们张口就要说出批评他人的话语的时候，请多多想想，也请给别人说话的权利。百花齐放总会好过万马齐喑，是吧？

误会的伤害

他和她一直很要好，除了学习，他们还偷偷传纸条儿来联络感情。

后来班上有了第一批入团的名额：仅仅一名。男孩很优秀，是重点培养对象之一。但他害怕和她的事儿被老师同学发现后，不选他当团员，心中很是忐忑不安。

尔后有一天班会上，她向他扔过来一张纸条儿，他发现有几个同学看见了，他于是毫不犹豫地将纸条看也不看就扔到窗外。她那张期待着的脸突然苍白了，她垂下了眼睛。

这件事证明了他的清白和她的自作多情。

他理所当然地被选上了光荣的团员。然而从此她再也没有和他说过一句话，当然也没再传过纸条儿。

多年以后，他和她都毕业了，他很想和这个纯真善良的女孩和好，当他有一天拦住她表白时，她默默看了他一眼说："有一种心灵的伤害即使痊愈了，也会留下一道印痕。"便转身走了。

其实她递过来的纸条只是一道数学题。

误会往往在不了解，不理智，无耐心，缺少思考，未能多体谅对方。误会一开始就一直想到对方的千错万错，结果造成不可挽回的伤害。

以和为贵

一位名叫汉斯的卖砖商人，由于另一位对手的竞争而陷入困境。对方在他的经销区域内走访建筑师与承包商，告诉他们：汉斯的公司不可靠，他的砖块不好，生意也面临即将歇业的境地。虽然汉斯对别人说他并不认为对手会严重伤害到他的生意。但是这件麻烦事使他心中生出无名之火，真想"用一块砖来敲碎那人肥胖的脑袋作为发泄"。

有一个星期天早晨，汉斯到教堂听牧师讲道，那天的主题是：要施恩给那些故意跟你为难的人。他把每一个字都仔细听了。就在上个星期五，他的竞争者使他失去了一份25万块砖的订单。但是，牧师却教人们要以德报怨，化敌为友，而且他举了很多例子来证明他的理论。当天下午，汉斯在安排下周日程表时，发现住在弗吉尼亚州的一位他的顾客，正因为盖一间办公大楼需要一批砖，而所指定的型号却不是他们公司制造供应的，但是与他的竞争对手出售的产品很类似。同时，他也确定那位满嘴胡言的竞争者完全不知道有这笔生意机会。这使汉斯感到为难，是要遵从牧师的忠告，告诉给对手这项生意的机会，还是按自己的意思去做，让对方永远也得不到这笔生意？汉斯的内心挣扎了一段时间，牧师的忠告一直盘踞在他心里。最后，也许是因为很想证实牧师是错的，他拿起电话拨到竞争对手家里。

接电话的人正是那个对手本人，当时他拿着电话，难堪得一句话也说不出来。汉斯很礼貌地告诉他有关弗吉尼亚州的那笔生意。结果，那个对手很是感激汉斯。

六、豁然开朗：换一种态度换一种心情

汉斯说："我得到了惊人的结果，他不但停止散布有关我的谎言，而且甚至还把他无法处理的一些生意转给我做。我们成为了朋友，双方的事业都在进步。"

志向高远的人，必定视野开阔。豁达大度的人，必能以大局为重，不计较一时一事的得失荣辱。以德报怨，化敌为友，这也是迎战那些终日想要让你难堪的人所能采用的最上策。

区　别

一次，苏格拉底趟水过河，一不小心，跌入了一个深坑里。他不会游泳，只好在水中一边拼命地挣扎，一边大喊"救命"。

这时，一个人正在河边钓鱼，他听到呼喊声不仅没有伸出援助之手，反而收起钓鱼竿，起身就走。

后来，多亏苏格拉底的学生及时赶到，才救了他一条命。

人们七手八脚地帮苏格拉底换掉湿衣服，异口同声地谴责那个见死不救的钓鱼人道德太低下。

过了不久，那个钓鱼人趟水过河，一不小心，也跌入了深坑里。这人同样不会游泳，只好一边拼命挣扎，一边大呼"救命"。

恰巧，苏格拉底和他的学生在河边散步，听到呼救声就飞跑了过去，用一根长长的竹竿把那人救了上来。

等看清救上来的人的面孔，苏格拉底的学生就后悔了，说："如果知道落水的是他，我们无论如何都不会救他的！"

苏格拉底为落水人换掉湿衣服，平静地说："不，救他，正是我们和他的区别。"

斤斤计较、睚眦必报，不仅会破坏和谐的人际关系，自己心情也不舒畅；而豁达大度，以恩报怨，不仅有助于事业、有益于他人，自己内心也是平衡、坦荡的。

忍　让

古时候有个叫杨翥的人。一天，杨翥的邻人丢失了一只鸡，指骂被姓杨的偷去了。家人告知杨翥，杨翥说："又不只我一家姓杨，随他骂去。"又一邻居每遇下雨天，便将自家院中的积水排放进杨翥家中，使杨家深受脏污潮湿之苦。家人告知杨翥，他却劝解家人："总是晴天干燥的时日多，落雨的日子少。"

久而久之，邻居们被杨翥的忍让所感动。有一年，一伙贼人密谋欲抢杨家的财宝，邻人们得知后，主动组织起来帮杨家守夜防贼，使杨家免去了这场灾祸。

宽容说起来简单，可做起来并不容易。因为任何宽容都是要付出代价，甚至是痛苦的代价。人的一生谁都会常常碰到个人的利益受到他人有意或无意的侵害。为了培养和锻炼良好的心理素质，你要勇于接受宽容的考验，即使在情绪无法控制时，也要管住自己的大脑，只要忍一忍，就能抵御急躁和鲁莽，控制冲动的行为。如果能像杨翥那样再寻找出一条平衡自己心理的理由，说服自己，那就能把忍让的痛苦化解，产生出宽容和大度来。

生活中有许多事当忍则忍，能让则让。宽容不是懦怯胆小，而是关怀体谅。宽容是给予，是奉献，是人生的一种智慧，是建立人与人之间良好关系的法宝。

六、豁然开朗：换一种态度换一种心情

大师雇工人

早晨 5 点，大师出去为自己庙里的葡萄园雇工人。

一个小伙子跑了过来。大师与小伙子议定一天 10 块钱，就派小伙子干活去了。

7 点的时候，大师又出去雇了个中年男人，并对他说："你也到我的葡萄园里去吧！一天我给你 10 块钱。"中年男人就去了。

9 点和 11 点的时候，大师又同样雇来了一个年轻妇女和一个中年妇女。

下午 3 点的时候，大师又出去，看见一个老头站在那里，就对老头说："为什么你站在这里整天闲着？"

老头对他说："因为没有人雇我们。"

大师说："你也到我的葡萄园里去吧！"

到了晚上，大师对他的弟子说："你叫所有的雇工来，付给他们工资，从最后的开始，直到最先的。"

老头首先领了 10 块钱。

最先被雇的小伙子心想：老头下午才来，都挣 10 块钱，我起码能挣 40 块。可是，轮到他的时候，也是 10 块钱。

小伙子立即就抱怨大师，说："最后雇的老头，不过工作了一个时辰，而你竟把他与干了整整一天的我同等看待，这公平吗？"

大师说："施主，我并没有亏负你，事先你不是和我说好了一天 10 块钱吗？拿你的走吧！我愿意给这最后来的和给你的一样。难道你不许我拿自己所有的财物，以我所愿意的方式花吗？"

许多的时候，我们感到不满足和失落，仅仅是因为觉得别人比我们幸运！如果我们安心享受自己的生活，不和别人比较，在生活中就会减少许多无谓的争执和烦恼。

爱跌跤的总统

曾任美国总统的福特在大学里是一名橄榄球运动员，所以他在62岁入主白宫时，他的体型仍然非常挺拔结实。毫无疑问，他是自老罗斯福总统以来体格最为健壮的一位。当了总统以后，他仍继续滑雪、打高尔夫球和网球，而且擅长这几项运动。

在1975年5月，他到奥地利访问，当飞机抵达萨尔茨堡，他走下舷梯时，他的皮鞋碰到一个隆起的地方，脚一滑就跌倒在跑道上。他跳了起来，没有受伤，但使他惊奇的是，记者们竟把他这次跌跤当成一项大新闻，大肆渲染起来。在同一天里，他又在丽希丹宫的被雨淋滑了的长梯上滑倒了两次，险些跌下来。随即一个奇妙的传说散播了开去：说福特总统笨手笨脚，行动不灵敏。自萨尔茨堡以后，福特每次跌跤或者撞伤头部或者跌倒雪地上，记者们总是添油加醋地把消息向世界报道。后来，竟然反过来，他不跌跤也变成新闻了。哥伦比亚广播公司曾这样报道说："我们一直在等待着总统撞伤头部，或者扭伤胫骨，或者受点轻伤之类的来吸引读者。"记者们如此这般的渲染似乎想给人形成一种印象：福特总统是个行动笨拙的人。电视节目主持人还在电视中和福特总统开玩笑。喜剧演员切维·蔡斯甚至在"星期六现场直播"节目里模仿总统滑倒和跌跤的动作。

福特的新闻秘书朗·聂森对此提出抗议。他对记者们说："总统是健康而且优雅的，他可以说是我们能记得起的总统中身体最为健壮的一位。"

六、豁然开朗：换一种态度换一种心情

"我是一个活动家，"福特抗议道，"活动家比任何人都容易跌跤。"

但他对别人的玩笑总是一笑了之。1976年3月，他还在华盛顿广播电视记者协会年会上和切维·蔡斯同台表演过。节目开始，蔡斯先出场。当乐队奏起"向总统致敬"的乐曲时，他绊了一脚，跌倒在歌舞厅的地板上，从一端滑到另一端，头部撞到讲台上。此时，每个到场的人都捧腹大笑，福特也跟着笑了。

当轮到福特出场时，他站了起来，佯装被餐桌布缠住了，弄得碟子和银餐具纷纷落地，他装出要把演讲稿放在乐队指挥台上，可一不留心，稿纸掉了，撒得满地都是。众人哄堂大笑，他却满不在乎地说道："蔡斯先生，你是个非常、非常滑稽的演员。"

绝大多数人都喜欢嘲笑别人，而不愿意被别人嘲笑。在别人处在尴尬境遇时，你如果能通过让自己出丑减少他的难堪，他一定对你非常感激。

接受自己不喜欢的事

有一次，松下幸之助在一家餐厅招待客人，一行6个人都点了牛排。等6个人都吃完主餐，松下让助理去请烹调牛排的主厨过来，他还特别强调："不要找经理，找主厨。"

助理注意到，松下的牛排只吃了一半，心想一会儿的场面可能会很尴尬。

主厨来时很紧张，因为他知道请自己的客人来头很大。

"是不是有什么问题？"主厨紧张地问。

"烹调牛排，对你已不成问题，"松下说，"但是我只能吃一半。原因不在于厨艺，牛排真的很好吃，但我已80岁了，胃口大不如前。"

主厨与其他的5位用餐者困惑得面面相觑，大家过了好一会儿才明白是怎么一回事。"我想当面和你谈，是因为我担心，你看到吃了一半的牛排就倒掉，心里会难过。"

如果你是那位主厨，听到松下先生的如此说明，会有什么感受？是不是觉得备受尊重？客人在旁听见松下如此说，更佩服松下的人格并更喜欢与他做生意。

又有一次，松下对一位部门经理说："我个人要做很多决定，并要批准他人的很多决定。实际上只有40%的决策是我真正认同的，余下的60%是我有所保留的，或我觉得过得去的。"

经理觉得很惊讶，假使松下不同意的事，大可一口否决就行了。

"你不可以对任何事都说不，对于那些你认为算是过得去的计划，你大可在实行过程中指导他们，使他们重新回到你所预期的轨迹。我想一个领导人有时应该接受他不喜欢的事，因为任何人都不喜欢被否定。"

一个成熟的人，应该尽量从对方的立场考虑问题，努力接受自己不喜欢的事。这样，他才能赢得别人的尊重和支持。

心与心的共鸣

女孩和他青梅竹马，相识20年，相恋八载，她应该顺理成章地成为他的妻子。但女孩一直不甘心，她总觉得两人相处时间太长了，从无话不说到无话可说，没有女孩所渴望的浪漫与激情。在女孩的记忆中，他一直不曾对她温柔地说过爱。

直到有一天，他郑重地对她说："八年抗战还有胜利的日子，我们该结婚了。"女孩找不出拒绝的理由，但也找不到立即应允的感觉。女孩说要考虑一下，她想让他给她答应的理由。他竟点点头，没有表示任

何异议。

　　两人一起上街，并肩走着。到了一个拐角处，街道忽然变窄，本来在他右边的女孩轻巧地向前一跳，跑到了他的前面，走在他的左边。他忽然慌了，急忙跑步赶上，将女孩拉到右边，说了声"危险"。一辆大卡车就在此时呼啸而过。

　　并没有惊天动地的事情发生，卡车将地上的泥水甩了他一身。他仍在嗔怪女孩："不是告诉过你，走路要在我的右边，为什么不听？"这只是一瞬间，女孩却感到超过一生的感动和幸福。他一直对她呵护有加，即使走路时也要将她放在右边的内侧，他用他的身体为她遮挡左边外侧的人流及一切。

　　在爱的历程中，最真最美最让我们感念一生的往往是那些不经意地渗入我们生命中的细节，而无心的一举一动其实包含了许许多多心与心的共鸣以及爱与爱的默契。

信誉与荣誉

　　要在信誉与荣誉之间进行取舍，就更可以看出一个人品行的好坏。历史上，为谋求一己之荣而不顾信义的不乏其人，这种人只能给自己留下千古骂名；但能不计个人荣辱而取信于人的，也大有人在。这类人把个人的荣誉看得很淡，即便由于意外的原因而无法立信守信时，他们也会于心不安而深深自责。

　　20世纪前期英国妇孺皆知的军事将领托马斯·爱德华·劳伦斯，长期转战于阿拉伯国家，后来却由于英国当权集团的原因，使他失信于阿拉伯人民。因而他深感良心有愧，拒绝接受英王的授勋，并且自动退出政治舞台而隐姓埋名。他的品行，曾得到丘吉尔的高度评价。

劳仑斯一生与阿拉伯国家结下了不解之缘。他曾几次去中东，进行过考古工作和勘测工作，对中东风情作了详细的了解。后来由于战争的需要，加上他对阿拉伯风土人情的丰富知识，劳仑斯被派去中东，协助英国政府扶植的由侯赛因父子建立的傀儡政权。从此，劳仑斯踏上了中东沙漠游击战争的舞台，并一举成名。

长年的沙漠游击战，使劳仑斯完全适应了纯粹的阿拉伯游牧战斗生活。他与阿拉伯人民并肩作战，为推翻土耳其奥斯曼帝国对阿拉伯地区400年的统治，建立了不可磨灭的功勋，深受阿拉伯人民的信任。而劳仑斯也一直向侯赛因父子保证：整个阿拉伯地区在战后将组成一个统一独立的国家。这使阿拉伯人民对他寄予厚望。

谁知在战争结束后，英国政府却与法国达成秘密协议，对阿拉伯人民实行分而治之。这个协议使劳仑斯震惊，他痛感自己被出卖而失信于阿拉伯人民，因此，他断然拒绝接受英王的授勋，并主动退出了政治舞台。

劳仑斯一生本来就十分厌恶扬名，加上感到良心受到了谴责，便过起了隐姓埋名的生活。可是，许多专门猎取名人轶闻的记者对其穷追不舍，劳仑斯只好几易其名并专心于写作。后来在一次车祸中，劳仑斯失去了生命。

劳仑斯一生建立的战功令人瞩目，而他那因失信（虽然不是他自己造成的）的自责，对名誉不屑一顾的品德，更加受到世人的称赞。在劳仑斯的葬礼上，丘吉尔曾流着眼泪说过这样一句话："我们这个时代最伟大的英国人走了！"

面对生活中的信誉和荣誉，如何选择，如何放弃，不同的人有不同的答案。讲求信誉是衡量一个人品德的标志之一。信守诺言，会令人信服而受人尊敬；背信弃义，则会被人看轻而遭唾弃。

六、豁然开朗：换一种态度换一种心情

战胜欲望的高度

一位攀登者和他的向导历经千辛万苦来到了世界之巅的珠穆朗玛峰，在此之前，世界上没有人到过这样的高度。

世界之巅与他们只有短短的两米，其中一个人只要向前跨几步，就可以成为这个世界的第一。而这几步，对于谁来说都易如反掌。这时，这位从新西兰来的攀登者对向导说："这是你的家乡，你先上吧。"这位老实的夏尔巴人并没有听清楚戴着氧气罩的朋友的话，只是从他的表情和恭让的手势中，明白了他的意思。丹增向前走了几步，登上了世界之巅，他在那里留下了人类的第一个脚印——他是人类有史以来，第一个登上珠穆朗玛峰的人。布拉里随后跟上，他们在世界之巅紧紧拥抱，他们高呼着："我们成功了。"

攀登者名叫希拉里，向导叫丹增，他们冲顶的时间是1953年5月29日。身居都市的希拉里知道这几步对于自己的意义，他最大的理想甚至是活着的最大希望，就是能够第一个登上珠峰。但在巅峰前的几步距离里，他战胜了自己的欲望，而把这个机会让给了身居此地的夏尔巴人，他认为，只有和珠峰朝夕相处的夏尔巴人，才有资格第一个登上珠峰。

人最难战胜的是自己的欲望，欲望的高度要比珠峰高得多。但50多年前的那一刻，让人们看到了人性中最为善良、最为灿烂的一面，比起冲顶的那一瞬间，或许更加辉煌。

在你一生的欲望唾手可得的时候，拿下它，你就拥有了值得骄傲的回忆，放弃它，你却能得到一个全新的开始——不必依靠回忆度日，你每一分钟都能创造出新的巅峰。

不同的听力

有一位长年住在山里的印第安人，因为特殊的机缘，接受一位住在纽约的友人邀请，到纽约做客。

当纽约友人引领着印第安朋友出了机场正要穿越马路时，印第安人对着纽约友人说："你听到蟋蟀声了吗？"

纽约友人笑着说："您大概坐飞机坐太久了，这机场的引道连到高速公路上，怎么可能有蟋蟀呢？"

又走了两步路，印第安朋友又说："真的有蟋蟀！我清楚地听到了它们的声音。"

纽约友人笑得更大声了："您瞧！那儿正在施工打洞，机械的噪音那么大，怎么会听得到蟋蟀声呢？"

印第安朋友二话不说，走到斑马线旁安全岛的草地上，翻开了一段枯倒的树干，招呼纽约友人前来观看那两只正高歌的蟋蟀！

只见纽约友人露出不可置信的表情，直呼不可能："你的听力真是太好了，能在那么吵的环境下还听得到蟋蟀叫声！"

印第安朋友说："你也可以啊！每个人都可以的！我可以向你借你口袋里的零钱来做个实验吗？"

"可以！可以！我口袋里大大小小的铜板有十几元，您全拿去用！"

纽约友人很快地把钱掏出来交给印第安友人。

"仔细看，尤其是那些原本眼睛没朝我们这儿看的人！"说完话，印第安友人把铜板抛到柏油路上。突然，有好多人转过头来看，甚至有人开始弯下腰来捡钱。

"您瞧，大家的听力都差不多，不一样的地方是，有的人专注的是钱，有的人专注的是自然与生命。所以听到与听不到，全然在于有没有

六、豁然开朗：换一种态度换一种心情

专注地倾听。"

  人总是把心思集中在一个目标上，就这样成了目标的奴隶，再也无心去领略生命中的万千风景。自然中的一切，都有自己生命的意义、尊严与光荣，你为什么不可以？

心"热"的代价

  宋濂是明太祖朱元璋最为倚重的文化重臣，将他聘之为文学顾问。每每召进宫中，问及文学之事，促膝谈罢，赐以御宴。从此朝中大臣，亦对之刮目相看，尊崇有加。偏偏这位文化大师，文章清明，名利面前则糊涂愚昧。他觉得官位还不高，名声还不响，群臣的眉眼还不顺。冥思苦想之后，他心生一计。

  一日上朝，他上一奏折，提出要告老还乡，精明的朱元璋一眼就洞穿了他的灰色心理：通过皇帝当众百般挽留，进一步提高自己的声望。这位农民出身的皇帝从来就不欣赏文人的雕虫小技，于是略做沉吟，就恩准了他"出世"的请求。这是令宋学士死都没有想到的结局。怎奈玉口金言，难收成命。无奈之下，他又厚着老脸勉勉强强地征得皇帝每年召见他一次的"恩宠"，便灰溜溜地下了朝。

  以后每年，他先征得皇上恩准，上朝一次。可几年过去，他越来越觉得，皇帝的问候中已少了那份真诚；群臣的招呼声里没了以前的那份敬重；他的每年一次的朝见有点像例行公事，滋味索然。

  对！何不让自己的儿子代自己应付那痛苦的过程？他又做出了一个断送自己生命的错误决定。皇上盛怒，以欺君之罪处以流刑。一代文化大师，悲悲切切，便惨死在流放途中。

  为了虚名、浮名、功名，很多人都付出了生命代价，因此说这就是追逐名利的后果。